Jesús Velázquez Macias
Claudia Guadalupe Lara Torres
José Alberto Vela Dávila

Un Bot de Telegram en el Tratamiento del Tabaquismo

Jesús Velázquez Macias
Claudia Guadalupe Lara Torres
José Alberto Vela Dávila

Un Bot de Telegram en el Tratamiento del Tabaquismo

Utilización de Un Bot de Telegram en el Tratamiento del Tabaquismo

Editorial Académica Española

Imprint
Any brand names and product names mentioned in this book are subject to trademark, brand or patent protection and are trademarks or registered trademarks of their respective holders. The use of brand names, product names, common names, trade names, product descriptions etc. even without a particular marking in this work is in no way to be construed to mean that such names may be regarded as unrestricted in respect of trademark and brand protection legislation and could thus be used by anyone.

Cover image: www.ingimage.com

Publisher:
Editorial Académica Española
is a trademark of
Dodo Books Indian Ocean Ltd. and OmniScriptum S.R.L publishing group

120 High Road, East Finchley, London, N2 9ED, United Kingdom
Str. Armeneasca 28/1, office 1, Chisinau MD-2012, Republic of Moldova, Europe
Managing Directors: Ieva Konstantinova, Victoria Ursu
info@omniscriptum.com

Printed at: see last page
ISBN: 978-613-9-40584-8

UTILIZACIÓN DE UN BOT DE TELEGRAM EN EL TRATAMIENTO DEL TABAQUISMO

" IMPLEMENTACIÓN DE UN BOT DE TELEGRAM PARA DISPOSITIVOS MÓVILES COMO APOYO EN EL TRATAMIENTO DEL TABAQUISMO "

JESÚS VELÁZQUEZ MACIAS
CLAUDIA GUADALUPE LARA TORRES
JOSÉ ALBERTO VELA DÁVILA
Universidad Politécnica de Zacatecas
TecNM: Instituto Tecnológico Superior de Fresnillo

Resumen

El estudio aborda la implementación de un chatbot destinado a gestionar el tratamiento contra el tabaquismo, llevado a cabo en un Centro de Integración para Jóvenes con pacientes en tratamiento activo para dejar de fumar. El objetivo principal fue evaluar el impacto de un Bot en Telegram en la gestión del tratamiento, reemplazando los métodos tradicionales y agilizando las tareas de registro y consulta, mediante el uso de plataformas tecnológicas de acceso libre. La hipótesis es que este enfoque aumentaría la efectividad del tratamiento. La investigación, de carácter cuantitativo, empleó un diseño no experimental transversal exploratorio y un enfoque experimental preexperimental, con un alcance exploratorio y correlacional. Para la recolección de datos, se utilizaron cuestionarios y pruebas paramétricas. Los resultados mostraron que las variables presentaron una baja correlación, lo que indica que el uso del Bot no mejoró significativamente la reducción del consumo según los terapeutas. No obstante, se concluyó que la herramienta y la plataforma web que la sustentó facilitaron significativamente la gestión del tratamiento, optimizando el tiempo y los recursos de los profesionales de la salud durante el estudio.

Palabras clave: tabaquismo, chatBot, impacto en el tratamiento, gestión del tratamiento, usabilidad

Abstract

The study focuses on the implementation of a chatbot designed to manage smoking cessation treatment, conducted at a Youth Integration Center with patients actively undergoing treatment to quit smoking. The main objective was to assess the impact of a Telegram Bot on managing the treatment, replacing traditional methods and streamlining registration and consultation tasks using free-access technological platforms. The hypothesis was that this approach would increase treatment effectiveness. The research, quantitative in nature, used a non-experimental cross-sectional exploratory design and a pre-experimental experimental approach, with an exploratory and correlational scope. Data collection was carried out using questionnaires and parametric tests. The results showed that the variables had a low correlation, indicating that the use of the Bot did not significantly improve the reduction in consumption, according to the therapists' opinions. However, it was concluded that the tool and the web platform supporting it significantly facilitated treatment management, optimizing time and resources for healthcare professionals during the study..

Key words: smoking, chatBot, treatment impact, treatment management, usability

Índice

Listado de Figuras

Listado de tablas

Indicé de anexos

INTRODUCCIÓN

El uso de tecnologías móviles se han extendido a infinidad de áreas de investigación de las ciencias humanas, aportando herramientas que simplifican o complementan su trabajo, para el caso de las ciencias de la salud se han tenido grandes aportes que benefician tanto a los especialistas de la salud como a sus pacientes, dichas herramientas se utilizan para precisar y optimizar los diagnósticos correspondientes, en el caso del tabaquismo los tratamientos requieren de registros y bitácoras realizadas por los pacientes para posteriormente ser analizadas e interpretadas por los terapeutas capacitados para atender este tipo de adicciones, los cuáles determinan el mejor tratamiento en base a dichos registros y comportamientos.

Las funciones proporcionadas por una aplicación móvil e integradas a un cliente de mensajería instantánea proporcionan la plataforma ideal para gestionar y dar apoyo a las tareas relacionadas con el tratamiento contra el tabaquismo, todo a través de un proceso digital.

En este sentido, en el presente trabajo se tiene como objetivo general "Determinar el impacto que tiene el uso de un Bot de Telegram para la gestión de los pacientes en tratamiento con tabaquismo", con el fin de registrar actividades del lado del paciente, relacionadas con el consumo de tabaco además de tener la funcionalidad de recibir de consejos de salud, recordatorio de citas y terapias.

La herramienta y el diseño de la investigación se desarrolló siguiendo las especificaciones y atendiendo las metodologías de atención y prevención de adicciones proporcionadas a través de la documentación y literatura de un Centro de Integración para jóvenes en la ciudad de Zacatecas.

Se presenta como hipótesis general el siguiente enunciado; "El uso de un Bot de Telegram aumenta el impacto en la gestión del tratamiento contra el tabaquismo", y para aceptar o descartar esa premisa se utilizó una metodología basada en un enfoque cuantitativo con un alcance exploratorio y correlacional y un diseño experimental del tipo pre experimental, además de otro no experimental del tipo transversal exploratorio.

Esta investigación se considera que satisface los requerimientos que enmarcan la línea de investigación "Salud electrónica" y está centrada en el sub tipo "Salud móvil" debido que por medio de un aplicaron móvil los involucrados en el presente estudio recopilaran y gestionaran la información en apoyo al tratamiento contra el tabaquismo para posteriormente interpretar y analizar los resultados obtenidos, desde hace algunos años este tipo de aplicaciones y la respectiva tecnología que las soporta, se han tenido diversas contribuciones que resaltan la importancia que tienen este tipo de tecnologías en apoyo al cuidado de la salud en distintas áreas.

Por lo tanto, lo argumentado en párrafos previos, en el presente trabajo se hace mención del desarrollo realizado durante toda la investigación, detallando cada uno de sus aspectos principales a través de los siguientes apartados mismos que se resumen a continuación;

En el capítulo 1 se aborda el tema referente al planteamiento del problema en el cual se expone el asunto o cuestión que se tiene como objeto investigar, en incluyendo sus bases teóricas, objetivos y antecedentes, y principalmente la incidencia relacionada con el uso de tecnologías afines a los chats Bots para dispositivos móviles en el tratamiento contra el tabaquismo, definiendo y estructurando de manera formal la idea que surge de la presente investigación.

En el capítulo 2 se contemplan las aseveraciones relacionadas al marco teórico relacionadas con aplicaciones móviles que intervienen en procesos relacionados con la salud, sus antecedentes y resultados obtenidos, además, esta parte se compone de varios elementos entre los que destacan: un acervo de referencias, conceptos teóricos y antecedentes en los que se basa la investigación, su estado del arte, y algunas teorías relacionadas directamente con la presente investigación.

El capítulo 3 expone la metodología utilizada en el desarrollo del estudio, se presentan y describen los procesos de diseño principal de la investigación, especificando las fases que se llevaron a cabo, se explican los métodos de obtención de información y los instrumentos que se utilizaron y diseñaron para ese propósito.

En el capítulo 4 se da cuenta de los resultados obtenidos, este apartado se utiliza para describir el análisis de datos obtenidos a través de los diferentes instrumentos diseñados. En total son 4 los instrumentos que componen este apartado. En el inicio del análisis interviene el instrumento destinado a determinar la aceptación o rechazo de los pacientes por medio del cuestionario "Motivos de consumo ". Posteriormente se realizan análisis de usabilidad tanto del Bot como de la plataforma web que da soporte a los terapeutas, al final se examinan los resultados obtenidos a partir del cuestionario "Eficacia en el tratamiento" para determinar el comportamiento de los índices de consumo por parte de los pacientes.

Por último, en el capítulo 5 se destina a presentar las conclusiones y discusiones, este capítulo comienza verificando las hipótesis presentadas para posteriormente concluir con las cuestiones relacionadas a los datos obtenidos del análisis del capítulo 4 etiquetado como resultados. Se establecen algunas bondades y áreas de oportunidad de la herramienta utilizada, en este caso el Bot. Finalmente, se dejan algunas pautas abiertas a la investigación donde se expone la necesidad de revisar y actualizar algunos criterios que permitan el mejor aprovechamiento de este tipo de herramientas en pro de la salud humana.

Es importante aclarar, además, que el proyecto resulto ser viable aún y con las limitantes y restricciones presentadas para el desarrollo del estudio dentro del centro de integración juvenil, esto debido a las normas establecidas en el manejo de la información y al respeto a la privacidad de los pacientes, asimismo a la resistencia a la tecnología expresada por parte de los terapeutas y pacientes.

CAPITULO I PLANTEAMIENTO DEL PROBLEMA

En esta sección se expone la fundamentación del objeto a estudiar en este documento, sus bases teóricas, objetivos y antecedentes, pero principalmente la incidencia relacionada con el uso de tecnologías afines a los chat Bots para dispositivos móviles en el tratamiento contra el tabaquismo, definiendo y estructurando de manera formal la idea que surge de la presente investigación, como lo enuncia el título de este apartado, plantear el problema se define como la acción de afinar, precisar y estructurar la idea de investigación (Hernández-Sampieri y Mendoza Torres, 2018).

Profundizando en el tema, el planteamiento del problema es el primer paso hablando de investigaciones científicas, observando el contexto del estudio, del ente problemático surge la formulación de investigación, la metodología e incluso el título de la tesis (Arias Gonzáles y Covinos Gallardo, 2021).

Dada la magnitud de este importante paso en la investigación, Hernández-Sampieri y Mendoza-Torres (2018) mencionan que "un problema correctamente planteado está parcialmente resuelto; a mayor exactitud corresponden más posibilidades de obtener una solución satisfactoria" (p. 40), por consiguiente, cada uno de sus elementos deberán estar apoyados por bibliografía especializada en esta temática para tener un inicio más firme y ordenado, con una base sólida la definición del problema será el instrumento para definir con mayor precisión los objetivos, el contenido y el procedimiento de estudio (Baena Paz, 2017).

La organización de la información facilita la distribución de tareas y clarifica el trabajo del autor ordenando los elementos de acuerdo a la posición que ocupan dentro de la investigación, por tal motivo la estructura de este documento de investigación se basa en el método del hexágono, propuesto por Arias González y Covinos Gallardo (2021), en el cual el planteamiento del problema se divide en los siguientes apartados como se esquematiza en la figura 1.

Figura 1 *Esquematización del desarrollo de un planteamiento del problema*

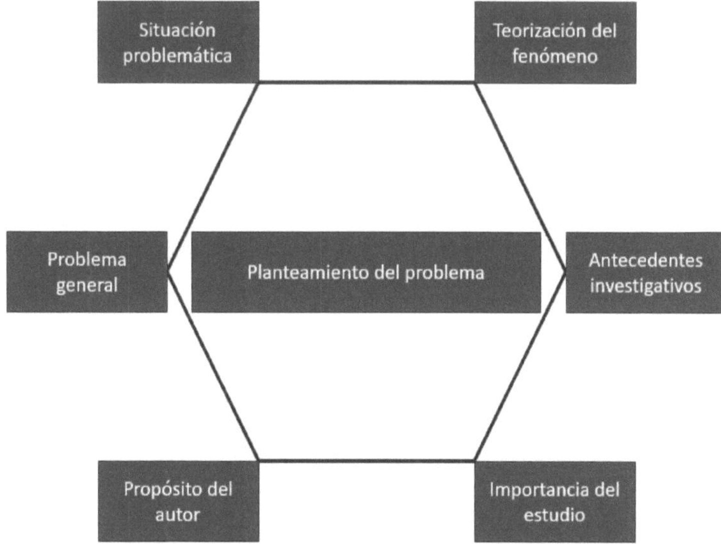

Nota. Adaptado de Esquematización del proceso de elaboración de un planteamiento del problema, de Arias Gonzales y Covinos Gallardo (2021).

A continuación, se describe de forma breve cada apartado y su analogía con las secciones de este documento; en primer lugar, la situación problemática consiste describir lo que se observa como algo que se quiere investigar por tener un carácter de novedoso o atrayente para el investigador, este apartado se contempla en la sección fundamentación del problema de investigación.

El segundo recuadro habla de la teorización del fenómeno del estudio, tiene que ver con el tema de estudio en cuestión y con los autores que validan y soportan ese concepto y además están en sintonía con el contexto mismo del estudio, con afirmaciones actuales, así mismo el recuadro de los antecedentes investigativos se relaciona con la selección de estudios realizados recientemente y que aborden conceptos relacionados con nuestra propia investigación, ambos recuadros se desarrollan en este documento durante las etapas de descripción de la problemática y más a fondo dentro del capítulo del Marco Teórico.

Los recuadros de importancia del estudio y propósito del autor hacen referencia a la justificación de la investigación, en ellos se exponen las causas fundamentadas del ¿por qué? del estudio, así como de los beneficios y alcances obtenidos al finalizar la investigación, aquí los autores exponen las razones para realizar la investigación o estudio (Arias Gonzáles y Covinos Gallardo, 2021).

El problema general se describe y asimila como las preguntas de investigación propuestas en este documento, las cuales son la expresión formal de los problemas que la investigación quiere resolver, profundizando en la teoría de los fenómenos de interés, análisis de estudios previos, opiniones de expertos, entre otras.

1.1 Descripción de la problemática específica de investigación.

La idea para la elaboración de esta investigación surge luego de la elaboración del artículo "Uso de un Bot para la comprobación de fórmulas matemáticas de las materias de Probabilidad e Investigación de Operaciones de la Universidad Politécnica de Zacatecas" (Velázquez Macías et al., 2016), en el cual se describe una herramienta desarrollada para dispositivos móviles apoyada por la plataforma de comunicación instantánea Telegram, la cual está disponible para verificar cálculos de Probabilidad e investigación de operaciones, los alumnos pueden corroborar los resultados de sus ejercicios y a su vez los maestros pueden revisar cuadernillos más rápidamente.

En el artículo mencionado se presentan tiempos con y sin la herramienta siendo todos ellos menores a la forma tradicional de comprobación y revisión, todo esto utilizando un asistente que simula ser una persona y con el cual se puede "chatear" para obtener ciertos resultados, a este tipo de interacción y a la tecnología que está detrás de este tipo de programa se le conoce como Bot, actualmente los Bots son utilizados como sistemas de ayuda o de soporte antes de personas físicas, con esto se reducen los tiempos de respuesta y se atienden consultas fáciles sin necesidad de que intervenga una persona (Chesñevar y Estevez, 2018).

Un Bot se considera una aplicación de software añadido con un contacto a un servicio de mensajería instantánea que interactúa con servicios web y sus respuestas están basadas en bases de conocimiento y representadas por mensajes de texto en lenguaje natural (Guerrero et al., 2017).

En el Centro de integración Juvenil de Zacatecas existen una gran cantidad de formatos que debe llenar un paciente con tratamiento contra el tabaquismo, los cuales consisten en bitácoras y registros de consumo, esta tarea se realiza físicamente en hojas de papel las cuales son fácilmente olvidadas, extraviadas, etc., esto ralentiza el tratamiento y le impide a los terapeutas proponer un tratamiento efectivo, una aplicación del tipo Bot podría ser utilizada para registrar la actividad del paciente al tener el dispositivo siempre a la mano, difícilmente salimos de casa sin el celular.

Mediante el uso de un Bot, la información estadística de cada paciente estaría disponible para los terapeutas en bases de datos alojadas en internet, lo que ayudaría a dar un tratamiento más oportuno, tomando en cuenta las bondades de este tipo de asistentes, el ahorro en papelería para llenar los formatos, y la facilidad para registrar eventos, o recibir notificaciones, en consecuencia y a partir de la experiencia obtenida en la elaboración del Bot descrito anteriormente se planteó la idea de elaborar un segundo Bot que permitiera gestionar los procesos de tratamiento contra el tabaquismo.

Luego de algunas charlas con el personal involucrado en dichos procesos se propuso la idea por parte del investigador y enumerando las bondades de un asistente personal basado en mensajería instantánea podría ayudar a gestionar los procesos del tratamiento, el diseño y desarrollo de esta herramienta quedó expresado con la publicación del artículo denominado "Desarrollo de un Bot para apoyo en el tratamiento del tabaquismo en el Centro de Integración Juvenil en Zacatecas" (Velázquez Macías et al., 2017), dicha herramienta supuso algo novedoso en el año 2017, tanto para el personal involucrado como para el tratamiento en sí, ya que en ese año los Bots aun no eran tan populares como en la actualidad.

Es por ello que en este trabajo de investigación se pretende demostrar la fiabilidad del uso de un Bot de Telegram considerado como un asistente personal para dispositivos móviles (Mulyanto, 2020), por la forma en la que puede interpretar diversos comandos para realizar acciones consecuentes, además se resaltan las ventajas de su implementación por sobre el método tradicional.

A partir de la información anterior se concluyen las siguientes situaciones descritas en los apartados 1.1.1 y.1.1.2, haciendo referencia al método tradicional de trabajo, es decir cómo se realiza el trabajo previo a la utilización de Bot y a las situaciones deseables planeadas durante a su implementación.

1.1.1 Situación actual

El paciente en tratamiento contra el tabaquismo llena formatos físicos a mano tipo bitácoras los cuales tiene que llevar a la siguiente sesión con el terapeuta, pero muchas veces el paciente los olvida o los extravía, el terapeuta tiene información incompleta para dar su diagnóstico alargando y ralentizando así el tratamiento, al olvidar o extraviar los formatos el paciente pierde información importante de seguimiento, debido a esto no se tiene un reporte sobre el nivel de avance oportuno al tratamiento de cada paciente.

El tiempo de atención se resume a tratar de recuperar la información perdida y se descuida la parte esencial que es monitorear los progresos para establecer un diagnóstico preciso, además los archivos históricos de los pacientes se conservan en formato físico.

1.1.2 Situación deseable

El Bot es añadido como un contacto en la aplicación móvil Telegram previamente instalada en su dispositivo móvil, posterior a ello, el paciente en tratamiento contra el tabaquismo lleva sus registros y hábitos de consumo de tabaco interactuando con el Bot.

El paciente al acudir a su cita proporciona su identificador único y el terapeuta accede a la base de datos que el Bot previamente generó, por medio del módulo web diseñado para realizar consultas y extraer la información, el terapeuta, visualiza los registros y hábitos del paciente lo que le permite realizar un diagnóstico y seguimiento preciso, además el paciente puede recibir notificaciones periódicas sobre información importante relacionada con su tratamiento, aun con el extravió o cambio de celular u olvidándolo el día de la cita el terapeuta puede recuperar sus registros agilizando con ello la gestión del tratamiento de los pacientes.

1.2 Fundamentación del problema de investigación (Antecedentes Conceptuales)

El tabaquismo según la Organización Mundial de la Salud (OMS) ocupa la segunda posición entre las causas principales de muerte, solamente en 2015 ocasionó aproximadamente el 11,5% de la mortandad total, con una estimación total de 1,100 millones de fumadores alrededor del mundo, el tabaco aspirado produce efectos graves para la salud como el cáncer, enfermedades cardiovasculares y respiratorias (Yoong et al., 2020). El tabaco es un factor de riesgo para las cuatro principales enfermedades no trasmisibles (ENT): cáncer, enfermedades cardiovasculares, diabetes y enfermedades respiratorias (Blanco et al., 2017).

En 2008, la OMS creó el paquete MPOWER, una herramienta técnica que incluye medidas de control de tabaco más eficaces para detener la epidemia de tabaquismo, estas medidas pretenden proteger a la población del uso y consecuencias negativas del tabaco, estas medidas contemplan las siguientes vertientes;

- Monitorear y vigilar el consumo de tabaco y las medidas de prevención.
- Proteger a la población de la exposición al humo de tabaco.
- Ofrecer ayuda para el abandono del tabaco.
- Advertir de los peligros del tabaco.
- Hacer cumplir las prohibiciones sobre publicidad, promoción y patrocinio del tabaco.
- Aumentar los impuestos al tabaco.

Para apoyar las normativas internacionales anteriores, el consumo y distribución del tabaco en México, está regulado por la ley y los tratamientos relacionados con sus afectaciones están avalados por la Ley General para el Control del Tabaco (2010) la cual en su Artículo 9 menciona que;

La Secretaría coordinará las acciones que se desarrollen contra el tabaquismo, promoverá y organizará los servicios de detección temprana, orientación y atención a fumadores que deseen abandonar el consumo, investigará sus causas y consecuencias, fomentará la salud considerando la promoción de actitudes y conductas que favorezcan estilos de vida saludables en la familia, el trabajo y la comunidad; y desarrollará acciones permanentes para disuadir y evitar el consumo de productos del tabaco

14

principalmente por parte de niños, adolescentes y grupos vulnerables. (p. 4)

En el párrafo anterior el término "secretaría" hace referencia a la secretaría de salud de los estados unidos mexicanos.

Atendiendo al llamado internacional, México fue el primer país Latino Americano en confirmar su participación en el Convenio Marco de la Organización Mundial de la Salud para el Control del Tabaco (CMCT) en 2004. Este convenio se apoya íntegramente en los parámetros y métricas establecidas por los indicadores MPOWER, México ha tenido avances significativos en el control de la epidemia de tabaquismo, sin embargo, para que todo el movimiento funcione es necesaria la implementación completa del CMCT para con ello poder ofrecer un tratamiento efectivo para dejar de fumar (Zavala-Arciniega et al., 2019).

Como datos estadísticos, en México existen alrededor de 11 millones de fumadores activos y el tabaquismo es responsable de 60 mil muertes al año por inhalación de humo de tabaco (Kuri-Morales et al., 2006). Cada vez, los jóvenes se involucran a más temprana edad en el consumo de tabaco, por este motivo, los centros de integración juvenil atienden prioritariamente a las personas adictas al tabaco con ayuda de terapeutas y psicólogos que utilizan diversas técnicas para ayudarlos a controlar la adicción (Gutiérrez López y Castillo Franco, 2008).

Al igual que en México, en el estado de Zacatecas el consumo de alcohol y tabaco generan un problema de salud pública que se incrementa constantemente, sobre todo en los adolescentes, el consumo es más alto que la media nacional y la edad a la que inician el consumo cada vez es más baja (Legaspi et al., 2020).

En la Encuesta Nacional de Consumo de Drogas, Alcohol y Tabaco (ENCODAT) 2016-2017 en su edición de Reporte de Tabaco, sostiene que 195 mil zacatecanos son fumadores activos (37 mil mujeres, 158 mil hombres), de los cuales 84 mil fuman diariamente y 111 mil fuman de forma casual (Instituto Nacional de Psiquiatría Ramón de la Fuente Muñiz, 2017), en relación a los indicadores establecidos por MPOWER la encuesta nacional refleja los siguientes resultados es sus diferentes categorías en sus secciones globales para el estado de Zacatecas:

- Monitorear, en Zacatecas el 18% de la población fuma tabaco, la edad media de inicio de consumo de tabaco diario es de 21.9 años en las mujeres y de 18.0 años en los hombres.
- Proteger, en Zacatecas los lugares públicos marcados con mayor prevalencia de humo de tabaco de segunda mano por los no fumadores son: bares, restaurantes, transporte público y escuelas.
- Ofrecer ayuda, el 80.1% de los fumadores actuales de Zacatecas están interesados en dejar el cigarro en el futuro.
- Advertir, entre los fumadores activos de Zacatecas el 45.4% piensa en dejar de fumar debido a las advertencias sanitarias con ilustraciones.

- Prohibir, durante el último mes el 77.8% de la población de Zacatecas observo o escucho en televisión y radio información sobre los riesgos de fumar.

- Impuestos, entre los fumadores activos de Zacatecas el 53.8% compró cigarros por unidad, el 72.4% de la población apoya la ley de incremento al impuesto del tabaco.

En otros resultados ENCODAT asegura que Zacatecas ocupa el décimo lugar de la República Mexicana en cuanto al predominio del tabaquismo, además es uno de los tres estados menos preponderantes en cuestión de humo de tabaco de segunda mano en escuelas, y también ocupa los primeros lugares en cuanto a la maniobra de las advertencias sanitarias con ilustraciones para dejar el cigarrillo.

Para esta tesis, y teniendo todos los antecedentes sobre la importancia de gestionar un tratamiento contra el tabaquismo de forma eficiente y dada la importancia de este grave problema de salud es que se propuso realizar un chat Bot o Bot, que funcione como apoyo al tratamiento ya establecido y validado en Centros de Integración Juvenil de Zacatecas.

Centros de Integración Juvenil es una institución enfocada en la prevención, tratamiento, rehabilitación, investigación científica y creación de especialistas en temas de consumo de drogas, en su página web y como objetivo principal, Centros de Integración Juvenil (s. f.) menciona:

Contribuir a la salud mental y en la reducción de la demanda de drogas con la participación de la comunidad a través de programas de prevención y tratamiento, con equidad de género, basados en la evidencia para mejorar la calidad de vida de la población. (p. 9)

Además, tiene como misión facilitar servicios de prevención y tratamiento en salud mental para mitigar el consumo de drogas, con juicios de equidad, igualdad y no discriminación, fundado en el conocimiento científico y constituyendo personal profesional especializado.

Luego de analizar el material bibliográfico acorde al tema de aplicaciones móviles relacionadas con cuestiones médicas y más concretamente aplicaciones relacionadas en el tratamiento contra las adicciones se llegó a un acercamiento inicial sobre algunos proyectos afines con este tipo de tecnología asociada a la salud humana, al ser similares al proyecto de investigación actual se tomarán como referencia algunas teorías correlacionadas con su funcionamiento que inciden directamente en su éxito aplicativo.

1.3 Delimitación del problema

La delimitación del problema se realiza en función del tiempo, es decir cuándo sucedió, en qué fechas, en que espacio, cuáles son sus antecedentes, que lo originaron (Baena Paz, 2017), por lo tanto la delimitación del presente trabajo tiene vital importancia para definir las acciones asociadas a la investigación sin sobrepasar los límites propuestos y abarcar todo lo necesario para cumplir satisfactoriamente con el trabajo, en otras palabras, Arias Gonzáles y Covinos Gallardo (2021), sostienen que los alcances se fundamentan en manifestar hasta dónde quiere llegar el investigador con su estudio.

La presente investigación fue desarrollada durante el periodo que comprenden los años de 2017 a 2018 en el Centro de Integración Juvenil Zacatecas, con domicilio en Parque Magdaleno Lujan s/n, Colonia Buenos Aires en la ciudad de Zacatecas, Zacatecas, México, Ubicado al noreste de la ciudad.

El estudio contempló una población de pacientes mayores de edad en tratamiento contra el tabaquismo dividido en 2 grupos, uno de 28 y el segundo de 32, además también se incluyeron los terapeutas o profesionales de la salud encargados de gestionar el tratamiento, personal asociado, comisionados, voluntarios y directivos de la institución.

1.4 Preguntas de Investigación.

Como cuestionamientos centrales las preguntas de investigación ayudan a plantear lo que se planea responder por medio de estudios o investigaciones, para clarificar el problema puede funcionar la elaboración de varias preguntas de investigación, las cuales deben tener en la medida de lo posible ciertas características como claridad, factibilidad y pertinencia (Baena Paz, 2017).

Para clarificar mejor un problema, funciona la elaboración de varias preguntas de investigación, las cuales son la articulación de las ideas del investigados que contemplan una relación entre las variables encontradas para su posterior análisis (Baena Paz, 2017).

Es difícil expresar en una o varias preguntas la problemática de forma total tomando en consideración todo su contenido, muchas veces solo se enuncia el propósito del estudio, en todo sentido las preguntas deberán sintetizar lo que será la investigación (Hernández-Sampieri et al., 2018), atendiendo las recomendaciones y aspectos anteriores, en los siguientes apartados 1.4.1 y 1.4.2, se definen las preguntas de investigación generales y secundarias relacionadas con este trabajo de investigación.

1.4.1 Pregunta general de Investigación.

PG. ¿Qué impacto tiene el uso de un Bot de Telegram para la gestión del tratamiento contra el tabaquismo?

1.4.2 Preguntas secundarias de Investigación.

P1. ¿Cómo evaluar de forma automatizada la viabilidad de los pacientes para verificar si son aptos para llevar el tratamiento contra el tabaquismo?

P2. ¿Cuál es el índice de aceptación del uso de un Bot para dispositivos móviles para la gestión del tratamiento contra el tabaquismo?

P3. ¿Qué nivel de eficacia tendrá el tratamiento contra el tabaquismo con la integración de un Bot para dispositivos móviles?

P4. ¿Cuál es el índice de aceptación del uso de una plataforma web para la gestión del tratamiento contra el tabaquismo?

1.5 Objetivo General

Para especificar las tareas de toda investigación, los objetivos se redactan para fijar la línea que debe seguir el investigador, o dicho de otra forma definir lo que se quiere cumplir (Arias Gonzáles y Covinos Gallardo, 2021), con esto se pretende coadyuvar a la resolución de una problemática con la redacción de objetivos expresados con claridad, específicos, medibles, apropiados y realistas (Hernández-Sampieri et al., 2018).

Es importante también mencionar como se piensa que la investigación ayudara a resolver este problema, los objetivos pueden determinar limites sobre la investigación que por lo regular deberían ser alcanzables, por distintas razones a veces esto no es posible debido a falta de recursos o por imposibilidad de tiempo (Baena Paz, 2017).

Complementando las afirmaciones anteriores, el objetivo general responde a la pregunta general de investigación, el texto en la redacción es similar, la diferencia principal es que no lleva interrogantes y se debe utilizar un verbo en infinitivo al comenzar la oración (Arias Gonzáles y Covinos Gallardo, 2021).

Además, el objetivo general debe cumplir con ciertos atributos como son: a) Cualitativo, resaltando la calidad de la investigación, b) Integral, ya que integra al menos dos objetivos específicos y c) Terminal, al llegar a la meta termina, no es permanente es decir el objetivo general se alcanza sola vez (Caballero, 2014), dicho esto y continuando con el proceso de descripción en lo que a la presente investigación concierne, el objetivo general quedaría de la siguiente forma:

OG. "Determinar el impacto que tiene el uso de un Bot de Telegram para la gestión del tratamiento contra el tabaquismo."

1.5.1 Objetivos específicos

Los objetivos específicos son los logros que el investigador desea obtener para alcanzar el objetivo general. Estos logros pueden ser secuenciales o paralelos; por consiguiente, pueden plantearse en la medida que se vayan cumpliendo en orden cronológico o en el mismo tiempo (Arias Gonzáles y Covinos Gallardo, 2021), ante estas afirmaciones se detallan a continuación los objetivos específicos contemplados en la investigación del presente documento:

OE1. "Diseñar un escenario que permita avaluar de forma automatizada la viabilidad de los pacientes para verificar si son aptos para llevar el tratamiento contra el tabaquismo".

OE2. "Determinar el índice de aceptación del uso de un Bot para dispositivos móviles para la gestión del tratamiento contra el tabaquismo".

OE3. "Evaluar la eficacia del tratamiento contra el tabaquismo al integrar un Bot para dispositivos móviles ".

OE4. "Determinar el índice de aceptación de la plataforma web para la gestión del tratamiento contra el tabaquismo".

1.6 Justificación

La justificación es la parte de un proyecto de investigación que plantea las razones por las cuales motivan al autor a iniciar dicha investigación, en otras palabras, cuál fue la necesidad del investigador de seleccionar el tema para desarrollarlo (Baena Paz, 2017), la inmensa mayoría de investigaciones se realizan pensando en un propósito definido, ese propósito debe ser lo suficientemente representativo como para que se justifique su realización (Hernández-Sampieri et al., 2018).

Algunos autores recomiendan responder algunas preguntas para fundamentar la redacción de esta parte de la investigación, dichas preguntas deberán estar destinadas a conocer los aspectos principales del estudio, por ejemplo, Caballero (2014) propone responder las siguientes preguntas para una correcta redacción de la justificación:

a) ¿Para quienes es necesaria esta investigación?
b) ¿Por qué se realiza?
c) ¿Para quienes es conveniente?

Atendiendo las recomendaciones anteriores y abonando un poco a la interrogativa del ¿por qué? de la realización de la presente investigación se exponen los siguientes argumentos, el tema de tesis fue elegido como una aportación a la solución de un problema de salud actual como lo es el tabaquismo. Apoyándose en las Tecnologías de la Información y el desarrollo de aplicaciones para dispositivos móviles, se puede adoptar el uso de la tecnología en cuestiones médicas como soporte o plataforma para realizar de forma más eficiente los trabajos relacionados con la salud humana, al desarrollar este tipo de herramientas se deben tomar en cuenta algunos aspectos de diseño, conectividad y acceso a la tecnología.

La importancia de la presente investigación radica en facilitar la gestión del tratamiento tanto a los pacientes con tratamiento activo como a los terapeutas o profesionales de la salud asignados, proporcionándoles herramientas tecnológicas que agilizan los procesos de registros y consultas de información, para con ello lograr una interpretación más eficiente de los datos y llegar a un diagnóstico de seguimiento de cada paciente y propiciar las atenciones y recomendaciones necesarias para llegar con éxito al final del tratamiento.

Esta investigación es necesaria para mejorar la optimización de recursos, sustituyendo registros, bitácoras o consultas en papel, por su equivalente en versión digital, con eso se evitaría el extravió de información, la agilidad en las búsquedas, la organización de la información y el cuidado al medio ambiente.

Es conveniente para los pacientes, los cuales deben cumplir con ciertos requisitos durante su tratamiento, como parte principal, realizar los registros de consumo de tabaco diario, el hecho de poder realizarlos a través de su celular y por medio del asistente personal resulta más práctico y evita traer consigo el registro de forma física en hojas de papel.

Es conveniente además para el Centro de Integración Juvenil Zacatecas para mejorar sus procesos administrativos, como lo son la atención al público, la gestión del tratamiento y la administración en general de expedientes de pacientes al estar en algún tratamiento activo en este caso el relacionado contra el tabaquismo.

Otro punto importante es que, al no requerir algún tipo de recurso, patrocinio o de apoyo económico, ni la adquisición de licencias de software o de equipo de cómputo para la realización del proyecto, no implica para la institución ni para el investigador tener que desembolsar algún tipo de recurso económico, debido a que para la realización del proyecto se utilizó software libre y equipo de cómputo disponible en la institución, por lo que la realización del proyecto no depende en mayor medida de recursos económicos.

1.7 Viabilidad de la investigación

La determinación de si una investigación es viable o no, es igual de importante que los objetivos, preguntas, y la justificación de la investigación los cuales fueron descritos en párrafos anteriores, esta viabilidad o factibilidad de la investigación, debe considerar aspectos relacionados con conocimientos y competencias necesarias para desarrollar el proyecto, disponibilidad de tiempo, recursos financieros, recursos humanos y recursos materiales que definirán, los alcances de la investigación (Mertens, 2019).

Dicho lo anterior se debe cuestionar si de manera realista se tiene acceso a todos y cada uno de los actores relacionados al proyecto y a la consecuente información (Hernández-Sampieri y Mendoza Torres, 2018), de tal modo que no esté en riesgo la culminación de la investigación por factores externos no previstos a la misma y que influyan de forma negativa en el desarrollo natural del proyecto.

Con estas bases fue posible determinar que la presente investigación es viable ya que se contó con el apoyo institucional y del personal directivo de centros de integración Juvenil de Zacatecas en lo referente a la utilización de las herramientas propuestas como lo fue el Bot de Telegram y la plataforma Web de consulta por parte de los terapeutas, además de proporcionar al investigador recursos informáticos, instalaciones y mobiliario necesario para la realización del proyecto.

CAPÍTULO II MARCO TEÓRICO

El presente capítulo dispone de varios elementos entre los cuales destacan: un acervo de referencias, conceptos teóricos y antecedentes en los que se basa la investigación, en general la fundamentación teórica del proyecto, así como su estado del arte, se complementa además de algunas teorías relacionadas directamente con cuestiones propias de la investigación, y un compendio de términos relacionados a la investigación, que a opinión del autor del presente documento resultan importantes para introducir al lector que no pertenece al área de estudio, a que comprenda a que se está haciendo referencia con los términos técnicos, en cada uno de los apartados de la presente investigación.

Como primer punto, Arias González y Covinos Gallardo (2021), consideran revisar la literatura existente a partir del tema de investigación se considera valioso en el sentido de que ayudará a formar las raíces teóricas del estudio. En 2017, Baena Paz argumentó que "conocer lo anterior es requisito para la selección de un problema de investigación" (p. 96), por consiguiente, identificar las líneas de investigación previamente trabajadas, sus métodos y técnicas apoyan la complementación del tema, la clarificación del problema de investigación como continuidad a los trabajos previos encontrados.

Hernández-Sampieri et al., (2018) definen los trabajos de revisión de la literatura como; "detectar, consultar y obtener la bibliografía (referencias) y otros materiales que sean útiles para los propósitos del estudio, de donde se tiene que extraer y recopilar la información relevante y necesaria para enmarcar nuestro problema de investigación" (p. 61), esta revisión ha de ser selectiva por la inmensa cantidad de información que se pudiese encontrar.

En 2018, Hernández-Sampieri et al., acuñaron el término "vertebrar" en referencia a la construcción de un marco teórico realizando un índice tentativo global o general para después afinarlo hasta que sea muy específico, para luego colocar la bibliografía en sus sitios correspondientes, el proceso de vertebración consiste en definir temas y subtemas para luego asociar las referencias a uno o varios subtemas, como puede apreciarse en la figura 2.

Figura 2 *Método de vertebración del índice del marco teórico y asignación de referencias*

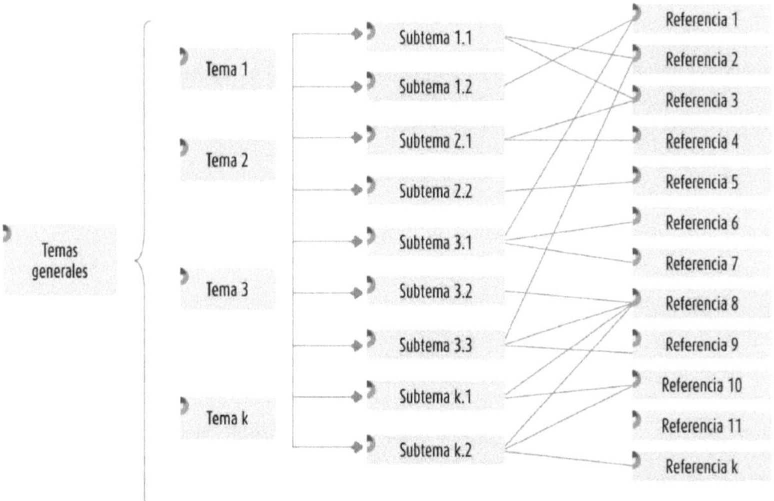

Nota. Tomado de (Hernández-Sampieri et al., 2018, p.x. 79).

El método anterior permite estructurar el marco teórico para organizar de forma jerárquica los temas y subtemas así como asignar la bibliografía a uno, dos o más temas según corresponda, en otras palabras en este capítulo se recopilan algunas de las publicaciones más recientes relacionadas directamente con el tema de la presente investigación específicamente en dispositivos móviles para tratar asuntos relacionados con el cuidado y preservación de la salud humana, una sección adicional y complementaria tratara los conceptos técnicos relacionados con esta investigación y que de alguna forma u otra intervienen ya sea directa o indirectamente con el desarrollo de este trabajo.

2.1 Estado del arte

También denominado por algunos autores como estado de la cuestión; revela de manera resumida el nivel de avance de algún trabajo, este avance contendrá referencias e hipótesis que dan ejemplo del conocimiento del tema en relación al progreso del investigador (Baena Paz, 2017), en otras palabras, Hernández-Sampieri et al., (2018), argumenta que el estado de la cuestión, es "conocer la situación actual de la problemática, lo que se conoce y lo que no, lo escrito y lo no escrito, lo evidente y lo tácito" (p. 466).

Siguiendo la tendencia de los argumentos expuestos por los autores citados en el párrafo anterior, en los siguientes apartados se exponen diversas investigaciones relacionadas con la tratada en el presente documento como parte del análisis del estado de la cuestión.

2.1.1 Tecnologías de la información al servicio de la salud

Existen diferentes estudios que dan fe de los diferentes tipos de aportaciones tecnológicas informáticas en pro de la salud, estos estudios están plasmados como artículos de revistas científicas o como tesis de grado o postgrado, estas investigaciones han impactado de forma positiva el quehacer del personal de salud en cuestiones de prevención, de información o de tratamiento tal vez algunas en mayor o menor medida, muestra de ello es la gran cantidad de aplicaciones móviles y chat Bot que surgen de estos estudios y que destacan en este rubro, a continuación se presentan las más relevantes a opinión personal del autor del presente trabajo.

Algunas de estas aplicaciones intervienen por ejemplo, con la gestión y administración de expedientes médicos y monitoreo de variables físicas y fisiologías en niños y adolescentes (Grimaldo Botero, 2013), otras promueven la salud oral de los pacientes por medio de contenido interactivo e ilustraciones (Anderson y Montero, 2021), distintos estudios realizan análisis de efectividad en el tema de las aplicaciones móviles categorizándolas y ordenándolas de acuerdo a su función, emitiendo al final una opinión critica de cada una de ellas (Briz Ponce, 2016), de forma general este tipo de estudios se relacionan con el propuesto en la presente investigación, debido a que intervienen cuestiones medicas en sus procedimientos apoyadas de algún tipo de aplicación móvil para su cometido.

En esta misma categoría existen abundantes estudios sobre aplicaciones médicas relacionadas con la toma de medicamentes que analizan las ventajas y desventajas de cada una de ellas (Fernández, 2020), otras analizan datos estadísticos sobre el uso de aplicaciones móviles y como estas han mejorado los procesos e intervenciones de salud en algunas localidades, para determinar si las aplicaciones móviles relacionadas de la salud tienen cierto grado de aceptación entre la población (Puerto et al., 2016), la aceptación es un punto medular en la evaluación de aplicaciones médicas debido a que con ella se determina si los usuarios encontraron afinidad hacia las aplicaciones dadas, en el presente estudio se mide la usabilidad tanto del chat Bot utilizado como de la plataforma web que lo soporta como una vía para determinar la facilidad de aprendizaje, la efectividad de uso y la satisfacción percibida por el usuario.

Siguiendo con los campos de oportunidad de las aplicaciones móviles, un nicho importante de desarrollo seria el generado por el aumento de enfermedades del tipo crónicas en la población, lo cual se ha convertido en un problema grave para la salud, es aquí donde intervienen con su parte de apoyo las aplicaciones móviles enfocadas en la salud, ofreciendo una nueva perspectiva en los esquemas de atención médica, algunos estudios indagan sobre la efectividad de este tipo de aplicaciones asociadas al autocuidado de los pacientes con enfermedades crónicas (Rey Iborra, 2019).

Existen además importantes estudios en los que se plasma la usabilidad de las aplicaciones móviles relacionadas con la salud, esta característica tiene que ver con la facilidad de lectura, descarga rápida de información y sencillez en el manejo general (Cruz Zapata, 2018), esta característica mencionada anteriormente, se comparte entre algunas de las aplicaciones mencionadas en este estudio sin otro fin más que el de obtener la satisfacción completa en los usuarios, algunas aplicaciones dejan de lado esta parte centrándose en la funcionalidad.

El área odontológica no está eximida del interés por el desarrollo de aplicaciones móviles a su servicio, muestra de ello es que existen investigaciones que aportan herramientas para mejorar su desarrollo, ejecución, y gestión de ensayos clínicos en personal de la salud odontológica (Bacilio Ruiz, 2021), al igual que en la aplicación utilizada en el presente estudio la participación de los profesionales en la salud es vital debido al aporte que pueden ofrecer en el desarrollo de las aplicaciones, enriqueciendo su contenido y alineándolo al fin para el que fue planteado su desarrollo.

Algunos desarrollos se relacionan más directamente con el objetivo del presente trabajo de investigación y se ocupan de gestionar tratamientos contra la drogadicción y el alcoholismo, adicciones graves y consideradas un problema de salud, (Pacheco Campoverde y Idrovo Tapia, 2014), otras atienden directamente desde la prevención el problema de las adicciones, proporcionando herramientas útiles para identificar factores de riesgo y comportamientos de consumo (Alemán Cortes, 2017).

Otros estudios ligados más directamente con aplicaciones de escritorio pero con extensiones para dispositivos móviles, trabajan de la mano con la realidad aumentada, a base de estímulos y proyecciones, generan ambientes que, según los autores ayudan en el tratamiento de ciertas adicciones como lo es el tabaquismo (Pericot Valverde, 2016), al igual que en la presente investigación una plataforma o sitio web que administre y de soporte a los datos generados por el chat Bot o la aplicación móvil es de suma importancia para gestionar y dar seguimiento a los tratamientos médicos y a los expedientes de los pacientes.

En un estudio relacionado con aplicaciones móviles, Sekulovski, (2014), en su tesis, argumentó que aunque las personas siguen utilizando sus teléfonos celulares para realizar llamadas, la inmensa mayoría los utiliza para realizar infinidad de tareas por medio de aplicaciones móviles, las cuales están disponibles por millones en las tiendas de aplicaciones más populares como son App Store y Google Play, brindando la posibilidad de aprender, comunicarse, crear, entretener y compartir información como no se había dado nunca, según su estudio en el año 2014, el 22% de la población mundial poseía un teléfono inteligente.

Ese mismo año, ya se vislumbraba un crecimiento exponencial relacionado a la adquisición de estos dispositivos, generando con ello infinidad de versiones de sistemas operativos, una multitud de tamaños y resoluciones de pantalla, lo que genero gran cantidad de problemas de consistencia entre las versiones de las aplicaciones móviles, por ello es recomendable como en el presente estudio, utilizar herramientas tecnológicas multiplataforma para evitar estos problemas de compatibilidad y consistencia, rompiendo esta barrera se pretende a un mayor número de personas evitando que con ellos pudieran ser excluidas de algún estudio que requiera el uso de dispositivos móviles.

Para atacar estos problemas, Sekulovski, (2014), se fijó como objetivo principal de su tesis, automatizar los procesos de desarrollo de aplicaciones multiplataforma, para conseguirlo utilizó un método denominado Lenguaje de Modelado de Flujo de Interacción (IFML por sus siglas ingles), este lenguaje se utiliza para crear modelos gráficos y textuales que se utilizan para generar de forma semi automática la creación de prototipos haciendo más flexible y ágil el desarrollo, para con ello reducir las primeras fases del proyecto.

Al final, concluye que los teléfonos móviles llegaron para quedarse, al igual que las aplicaciones móviles y que el desarrollo móvil multiplataforma ayuda a los programadores a crear aplicaciones más rápido, con menos recursos, reutilizables y les proporciona asistencia para aumentar su alcance en el mercado (Sekulovski, 2014).

Como ya pudo observarse el consumo cada vez mayor de aplicaciones móviles es inevitable y su crecimiento va de la mano con el número de usuarios que las utilizan, por lo tanto, las estrategias para su desarrollo también deben evolucionar con el paso del tiempo para satisfacer esta gran demanda, aunque en el camino de su desarrollo se puedan encontrar con dificultades, por ejemplo, la fragmentación, la cual no permite compartir una misma aplicación entre diferentes escenarios, la fragmentación frena la posibilidad de compartir la aplicación sin hacer adaptaciones en los demás entornos, lo que genera una gran cantidad de trabajo y consumo de tiempo para generar distintas versiones de una misma aplicación para varios tipos de dispositivos (Vique, 2019).

En un estudio ligado al uso de aplicaciones móviles enfocadas en la salud realizado por Puerto et al., (2016) en cual se plantearon como objetivos "identificar el uso y la aceptación de aplicaciones móviles (apps) en salud, en adultos que asisten a consulta externa de Medicina Interna en un hospital regional, mediante entrevista telefónica en una muestra de 452 pacientes" (p. 271), estudio realizado en el país de Colombia, se tuvo relación con el estudio realizado en el presente documento en cuanto a la herramienta tecnológica utilizada y el área médica donde se implementó así como la forma en que se abordó a los pacientes por medio de encuestas.

Los autores realizaron un estudio del tipo descriptivo a través de encuestas telefónicas en una muestra obtenida de forma aleatoria simple, en total se encuestaron 452 pacientes, muestra que se obtuvo de acuerdo al número total de pacientes atendidos en 2014, Al analizar los resultados concluyeron que a mayor nivel de estudio hay más proporción de usuarios de teléfonos móviles inteligentes, además determinaron que la edad es un factor determinante para el uso de estos dispositivos, debido a que existe una tendencia de menor uso a mayor edad, además, algo que también resultó determinante que la localidad donde se realizó el estudio presenta un uso de dispositivos móviles por debajo de la media nacional de ese país.

Por otro lado, también encontraron que el uso de aplicaciones móviles de salud en pacientes que asisten a consultas de atención regular es un tema nuevo y del cual obtuvieron que solo el 2.4% de los encuestados utiliza aplicaciones móviles de salud, y añaden que el bajo porcentaje se debe principalmente a las limitaciones de acceso a internet es esa localidad y el desconocimiento por parte de las personas del uso y manejo de este tipo de aplicaciones (Puerto et al., 2016).

Ruiz et al. (2015) expusieron un importante trabajo de revisión de literatura que muestra estudios sobre "mSalud", término adoptado por los autores del proyecto para definir aplicaciones que presentan una enorme contribución para mejorar el acceso y la calidad de los servicios de salud en el país latinoamericano de Perú. Ruiz et al. (2015), consideran que "debido a que los servicios de salud en los países en vías en desarrollo tienen limitaciones y no son igualmente accesibles para las personas que viven en zonas urbanas y rurales, las tecnologías móviles surgen como una opción innovadora para la asistencia sanitaria" (p. 364).

El estudio consistió en realizar búsquedas bibliográficas sobre artículos que hablaban del uso de mSalud en el Perú utilizando distintas estrategias de búsqueda en distintas bibliotecas digitales, al término de las consultas encontraron un total de 246 publicaciones de los cuales se excluyó la mayoría por no estar relacionadas directamente con el tema, quedando solamente con 24 textos para evaluarse a texto completo.

Al término de la revisión se concluyó que las tecnologías que contemplan dispositivos móviles son, en general, bien recibidas por la población y que su uso adecuado en el sector salud coadyuvaría a disminuir las limitantes en la asistencia médica, otra conclusión a la que llegaron los autores fue que; la distribución de información relacionada con la salud por medio de dispositivos móviles, el registro de datos a distancia y el diagnóstico remoto, aumentan la efectividad de los programas de gobierno asociados a la salud pública reduciendo los costos de la atención médica.

Dentro de las limitaciones encontradas en el estudio se determinó que la mayor parte de los estudios incluidos en el estudio se realizaron en las ciudades de Lima y Callao, por lo que los resultados no son representativos de la comunidad peruana y su implementación en lugares alejados y vulnerables requieren de la realización de nuevos estudios para comprobar su efectividad (Ruiz et al., 2015).

Por último, concluyen que el uso de aplicaciones móviles en salud es bajo, específicamente en el año 2014 que fue cuando se recolecto la información por medio de llamadas telefónicas y concretamente en el grupo de pacientes que asisten a consulta regular de Medicina Interna del Hospital Regional de Duitama en el país de Colombia.

En ese mismo año, pero en Estados Unidos Vonholtz et al., (2015), establecieron un estudio exploratorio sobre qué aplicaciones de salud para teléfonos inteligentes utilizan los pacientes, como son utilizadas y como se comparte la información en las aplicaciones de salud.

Se encuestó a diversos pacientes que buscaban atención médica de urgencia un centro de salud urbano, los encuestados respondieron preguntas relacionados con los dispositivos móviles sobre: uso, conocimiento y características de las aplicaciones de salud, para la muestra se incluyeron pacientes adultos estables durante el periodo del mes de abril de 2013 hasta septiembre de 2013, para el análisis de datos se utilizó estadística descriptiva para caracterizar la muestra demográfica, el uso de aplicaciones relacionadas con la salud instaladas por los participantes del estudio, de 517 pacientes, de los cuales 452 cumplieron con los criterios de elegibilidad y 300 completaron el total de las encuestas.

De los 300 participantes se obtuvo que el 70% poseen teléfono celular y el 40% utiliza aplicaciones de salud de diversos tipos, al final concluyeron que si bien las aplicaciones móviles han experimentado un enorme crecimiento en los últimos años, el uso de aplicaciones de salud entre la muestra analizada tuvo una tendencia a la baja, las aplicaciones de salud más utilizadas abarcaron los temas de ejercicio, dieta y acertijos, además encontraron que los participantes compartieron con mayor frecuencia información sobre aplicaciones de salud dentro de sus redes sociales, las recomendaciones por parte de los médicos sobre el uso de aplicaciones móviles relacionadas con la salud tuvo poca respuesta por parte de los pacientes (VonHoltz et al., 2015).

Los resultados y conclusiones presentados en el párrafo anterior difieren de algunos otros presentados en el presente documento debido a que al contrario de lo que observaron los autores, las aplicaciones móviles relacionadas con la salud tiene un grado alto de aceptación dentro de la implementación de sus investigaciones y estos reflejan que este tipo de herramientas van en aumento y reflejan buenos resultados dentro de sus estudios.

Muestra de ello, en México, concretamente en la ciudad de Zacatecas, se propuso una aplicación para dispositivos móviles denominada Diabetest en el año 2017, por Velázquez-Macias et al., los creadores refirieron que dicha aplicación apoya en la prevención de la diabetes tipo 2 en personas mayores de 18 años, para su creación se utilizaron metodologías para el desarrollo de aplicaciones móviles y una arquitectura cliente servidor, en el cual son procesadas todas las peticiones ya sea de registro o de consulta de información que realizan los clientes, la aplicación es multiplataforma y se puede instalar en sistemas operativos Android, o IOS incluso se puede acceder a la versión web disponible en su sitio.

Como resultados se obtuvo una aplicación estable que tiene la capacidad de proporcionar tips de alimentación y ejercicios saludables, asimismo de emitir un diagnóstico para determinar el grado de incidencia de la enfermedad utilizando los criterios establecidos por una escala europea de evaluación del riesgo de diabetes desarrollada por la Asociación Finlandesa de Diabetes, dicho instrumento se denomina FINDRISK (The Finnish Diabetes Risk Score).

Los autores concluyeron que, se aconseja que luego de utilizar esta aplicación los usuarios conozcan el diagnostico expedido por un médico especialista sobre su salud actual y que por ningún motivo esta aplicación sustituye el diagnostico expedido por un profesional de la salud, además agregaron que su utilización permitirá tomar conciencia sobre hábitos de alimentación y ejercicio físico, acciones que son fundamentales para prevenir y/o retrasar los síntomas de la enfermedad (Velázquez-Macias et al., 2017).

Posteriormente, en el año 2020, se publicó un estudio por Velázquez-Macias et al., como continuación al trabajo previo y con el objetivo de determinar el riesgo de Diabetes tipo 2 en el municipio de Fresnillo, Zacatecas, pusieron a prueba la aplicación para dispositivos móviles Diabetes recabando datos estadísticos de dicha población.

Como parte metodológica, se realizó un estudio de validación de prueba diagnóstica en 2019, seleccionando participantes aleatorios mayores de 18 años del municipio de Fresnillo, Zacatecas, para que utilizaran todas las funciones que proporciona la aplicación móvil Diabetest, con una muestra total de 384 participantes, la cual garantizo la representatividad de dicha ciudad en el estudio por medio de cálculos estadísticos.

En cuanto a los resultados se determinó que del sexo femenino equivalente a 25.78% (99 individuos) y del sexo masculino equivalente a 21.35% (82 individuos) presentan un nivel de riesgo BAJO de contraer la enfermedad, mientras que 28.9% (111 individuos) de mujeres y el 23.95% (92 individuos) de hombres presentan algún tipo de riesgo considerable situado entre "Ligeramente elevado" y "Muy Alto", en relación a la posible adquisición del padecimiento, igualmente, observaron que el sexo femenino presenta mayor riesgo de contraer la enfermedad, la edad en ambos sexos también es determinante, ya que, a mayor edad, mayor riesgo.

Como conclusiones los autores mencionaron que; existe una relación estadísticamente significante entre el valor del índice de masa corporal de cada persona con el riesgo de contraer la diabetes, entre más ato es el índice mayor es el riesgo asociado (Velázquez-Macias et al., 2020), también observaron que las personas adoptan rápidamente el uso de la aplicación móvil, el manejo de la aplicación resulto sin contratiempos, esto permitió concentrar la información de forma rápida y automática para procesarla y analizarla.

Como un reto a conseguir en su estudio, Velazquez-Macias et al., (2020), plantean que;

La aplicación sea aceptada y difundida por autoridades de salud oficiales entre la población para generar una mayor conciencia sobre esta enfermedad, y a su vez recabar datos estadísticos sobre hábitos alimenticios para determinar acciones y campañas que ayuden a contener o en mayor medida disminuir el riesgo de contraer la enfermedad. (p. 50)

En otra investigación realizada y publicada en Brasil, que además se apoya en el uso de un aplicación para dispositivos móviles, y la cual parte de los resultados obtenidos en una tesis doctoral, Mazera y González, (2018), exponen cuestiones relacionadas con las medidas de protección y aseguramiento de los derechos sociales de personas que padecen insuficiencia renal crónica y los cuales se encuentran en la fila de espera para un trasplante, todo ello por medio de una plataforma tecnológica que además comparte información sobre los tratamientos asociados, el objetivo principal de su trabajo fue exponer las bondades obtenidas con la implementación de la aplicación móvil "Kiga".

Como parte de la metodología usada, se ejecutaron entrevistas cualitativas a los pacientes involucrados y sus familias, equipos profesionales, los datos obtenidos dieron pie a las siguientes líneas informativas; información sobre la enfermedad renal crónica y al trasplante renal, información sobre cirugías de trasplante renal y por último y más importante el desarrollo de la aplicación móvil denominada "Kiga".

Como resultados los autores obtuvieron que existe carencias en la atención, que no permiten la efectiva aplicación de las políticas públicas salud. El objetivo de la aplicación móvil como tal fue disminuir la desinformación sobre la enfermedad y el tratamiento además de ofrecer y acompañamiento a los pacientes en la autogestión de su tratamiento (Mazera y González, 2018).

Un estudio más, desarrollado por Bonet et al., (2017), fue enfocado como revisión literaria y con el objetivo de "realizar una revisión sistemática de la literatura, que permita obtener una visión global del estado de la investigación en el ámbito de las intervenciones con aplicaciones móviles en pacientes con psicosis para la mejora de la adherencia al tratamiento." (p. 169), en este trabajo los autores adoptaron el termino e-Health para referirse a las tecnologías de salud electrónica las cuales combinan el uso de la comunicación electrónica y las tecnologías de información y comunicaciones (TIC), con usos clínicos, éticos, educativos y de gestión administrativa, con el objetivo de optimizar los sistemas de salud en todos los sentidos.

En este estudio utilizaron recomendaciones y parámetros de la declaración PRISMA, la cual proporciona una guía para la publicación de investigaciones mejorando la integridad de los informes de revisiones sistemáticas y metaanálisis (Hutton et al., 2016), desde 2009 diversos autores e investigadores han utilizado esta declaración para planificar, preparar y publicar sus trabajos.

Siguiendo esta técnica Bonet et al., (2017), seleccionaron estudios enfocados en el análisis de la aceptabilidad, viabilidad, uso y posibilidades de intervención terapéutica mediante aplicaciones móviles para el manejo de pacientes con psicosis, excluyeron fuentes donde solamente se utilizaban llamadas telefónicas, aquellos que estuvieran fuera del periodo de 1990 hasta 2016 y además de todos aquellos que no estuvieran en el idioma inglés.

Como resultado se identificaron un total de 431 artículos reduciéndose a 112 tras eliminar publicaciones no encaminadas a pacientes con trastornos psicóticos, posteriormente se descartaron otras 92 publicaciones por no ser del tipo intervención clínica sino a revisiones sistemáticas, encuestas y protocolos de estudio, para al final cumplir con una muestra de 20 artículos, de los cuales 17 eran intervenciones independientes.

Como conclusión los autores consideran que las intervenciones móviles de los trabajos analizados, muestran una maniobra factible para pacientes con psicosis, asimismo cuando se estudian las respuestas de los involucrados la mayoría se muestran conformes con estas intervenciones, las encuentran de utilidad, benéficas y fáciles de usar, todo esto sugiere que estas intervenciones son apropiadas y bien aceptadas por los pacientes, además destacan que aunque los resultados son positivos de forma general, hay una minoría que ha expresado dificultad en el uso de dispositivos móviles y consideran un enorme número de comunicaciones por día lo cual se traduce en algo intrusivo y tedioso.

Afirman, además, que las intervenciones para otras afectaciones muestran algún tipo de beneficio, en este sentido, aunque los resultados no fueron concluyentes, si manifestaron el amplio uso que puede darse a este tipo de tecnología. (Bonet et al., 2017).

Estudios relacionados más concretamente contra el tabaquismo, indican el nivel de gravedad provocado por dicha enfermedad y los consecuentes daños que esta ocasiona, tal es el caso del informe de la Organización Mundial de la Salud denominado "WHO Global report on trends in prevalence of tobacco smoking" o en español "Informe mundial de la OMS sobre tendencias en la prevalencia de fumar tabaco" publicado en 2015, determinó que el tabaco es la única droga legal que mata a muchos de sus consumidores cuando se usa exactamente como lo determinan los fabricantes de cigarrillos, la OMS ha estimado que el consumo de tabaco es en la actualidad responsable del deceso de aproximadamente seis millones de personas en todo el mundo al año y alrededor de 600,000 personas que también se estima que morirán por los efectos del humo de segunda mano (WHO, 2015).

Por tanto, es de vital importancia apoyar el problema del tabaquismo, por medio del uso de las tecnologías de información específicamente de Bots, el cual representa el objetivo principal de este trabajo de investigación, y de otros que se mencionan en este documento, además es objetivo primordial evaluar su desempeño e interpretar sus resultados para mejoras posteriores.

Existen diversos trabajos de investigación que realizan su aportación a este grave problema de salud mundial implementando el uso de la tecnología en apoyo a los tratamientos contra el tabaquismo, como acercamiento a este tipo de trabajos, León et al., (2015), realizaron un proyecto de revisión de estudios científicos que según su objetivo principal;

Presenta una revisión de los estudios científicos que se han desarrollado en el proceso de deshabituación tabáquica, misma que permitió sustentar un proyecto de investigación que adaptará un modelo de tecnología móvil diseñado y utilizado en Estados Unidos en población de habla inglesa y población hispanoparlante. (p. 1999)

Analizan, además, los beneficios de incorporar la tecnología móvil como estrategia efectiva en el tratamiento del tabaquismo en el proceso de deshabituación tabáquica, la metodología de este trabajo se realizó en dos fases; la heurística donde se trabajó la búsqueda de trabajos científicos y la segunda, la hermenéutica se basó en el análisis de los textos seleccionados categorizados por conjuntos predefinidos.

Los resultados que obtuvieron mencionan 14 artículos científicos relacionados con el uso de tecnología móvil como apoyo para dejar de fumar; tras una depuración exhaustiva el número de trabajos se redujo a cinco estudios, entre ellos se destaca que su objetivo principal fue medir la efectividad de una intervención basada en este modelo basado en el uso de tecnologías móviles. Al final concluyeron que los teléfonos móviles pueden ser una herramienta eficaz y con potencial para desarrollar programas orientados a promover y atender problemas de salud relacionados con el tabaquismo (León et al., 2015).

En un estudio similar, financiado por el Ministerio de Ciencia e Innovación del Gobierno de España, y con la intención de obtener un grado de Doctor, Pericot Valverde (2016), realiza un trabajo sobre técnicas de realidad virtual en el tratamiento del tabaquismo, con el objetivo de desarrollar y validar empíricamente un procedimiento a través de realidad virtual en el tratamiento para mitigar las ansias por el tabaco.

Como conclusiones exponen entre otras cosas de forma resumida, que la realidad virtual como técnica de exposición es un método viable para simular situaciones de la vida cotidiana asociadas al uso de tabaco y que la técnica de exposición a pistas mediante realidad virtual tiene la capacidad de disminuir las condiciones de ansiedad experimentadas por fumadores.

Otra aportación más de revisión literaria al campo del uso de las tecnologías contra el tabaquismo y que consideran el uso de aplicaciones móviles para dejar de fumar, la realizaron García-Pazo et al., (2020), argumentando en su investigación, que el tabaquismo representa un problema de salud de difícil supresión.

Las personas más adictas y dependientes a la nicotina presentan otros problemas como depresión y ansiedad. El objetivo de su trabajo consiste en realizar una revisión bibliográfica de las aplicaciones móviles para dejar de fumar que apliquen Terapia Cognitiva Conductual y que describan las técnicas que implementaron. Utilizando la metodología PRISMA para la realización de revisiones literarias (Hutton et al., 2016), misma metodología empleada además en otros trabajos mencionados en este documento (Bonet et al., 2017).

Los autores realizaron una búsqueda durante el periodo del año 2010 a 2019 en diversas bases de datos, encontrando un total de 415 trabajos de los cuales, solo cinco artículos fueron objeto de investigación, el resto se excluyó luego de aplicar algunos criterios determinados por los autores. Las aplicaciones estudiadas dentro de los artículos contenían diversas funciones, entre ellas; registros de consumo, la visualización de graficas de progreso, videos educativos y secciones motivacionales.

Como resultados obtuvieron la necesidad de incluir en este tipo de aplicaciones algunos análisis sobre las conductas del fumador ya que algunas no las tienen, además es necesaria una línea de comunicación directa dentro de la aplicación entre usuarios y el personal de salud a cargo para que estos puedan proporcionar el tratamiento más indicado.

Como conclusión, destacan que la revisión sistemática realizada a puesto en evidencia la falta de aplicaciones móviles que apoyen acciones para dejar de fumar, las aplicaciones detectadas presentan algunas limitaciones al no ofrecer la suficiente información respecto a las técnicas que realizan en la Terapia Cognitivo Conductual, solo informan algunos procedimientos que utilizan, pero sin mayores detalles, si lo realizaran se facilitaría la estandarización del programa utilizado (García-Pazo et al., 2020).

Recientemente se han encontrado trabajos relacionados directamente con el tema planteado en la presente tesis haciendo uso de Bots como herramienta principal de apoyo para cuestiones de salud, dentro de estos estudios recientes se encuentra el siguiente trabajo de tesis publicado por Labra Chino y Quispe Poma (2022), en el país latinoamericano de Perú, y el cual consistió según sus autores en;

Proponer un método de referencia para la atención de consultas de salud

basado en chatbot, evitando realizar consultas presenciales; para lo cual se

elaboró un método de referencia para diseñar y desarrollar el chatbot, con la

finalidad de que permita responder las consultas de los usuarios en línea y

de forma inmediata. (p. 34)

Dicho estudio se realizó en un centro de atención médica para adultos

mayores, además el Bot se diseñó para responder preguntas específicas sobre

COVID-19 basada en el contenido publicado en páginas Web de la Organización

Mundial de la Salud (OMS).

Como parte de la metodología implementada por los autores destacan la

implementación de 4 fases que determinan los casos de uso, los guiones, el diseño

y por último el desarrollo, como resultados argumentan que, basados en las

métricas utilizadas, el chat Bot es eficiente en cuanto a tiempos de respuesta, es

flexible y optimo en cuanto a funcionalidad, se utilizó además un sistema de

calificación por medio de estrellas para determinar la aceptación general por parte

de los usuarios.

Al final concluyeron que el chat Bot contribuye a tener una mejora significativa

en el proceso de atención a las consultas, adicional a esto los autores determinaron

que el chat Bot evitó que las personas acudieran de manera presencial al centro de

salud y que esta práctica impulsa a la transformación digital y con ello se obtiene una ventaja competitiva, además, aseguraron que el área de investigación relacionada con el uso de chat Bots en cuestiones médicas es poco estudiado y no hay mucha información al respecto (Labra Chino y Quispe Poma, 2022), este estudio coincide de cierta forma en lo argumentado en las conclusiones por los autores a lo expuesto en el presente trabajo en lo referente a la cantidad de información relacionada con el uso de Bots en cuestiones médicas.

El tema de la salud humana no ha sido el único beneficiado con este tipo de proyectos, existen chat Bots intervienen en temas de salud animal, los cuales facilitan la interacción con los veterinarios a las personas que poseen mascotas, uno de estos aportes hace referencia al uso de este tipo de tecnología, específicamente el trabajo de tesis de Rodríguez (2022), realizado en la ciudad de Querétaro en México, en él se muestra el uso de un chat Bot como herramienta para interactuar resolviendo dudas a las personas que poseen perros, ya sea de preguntas relacionadas con urgencias, comportamientos, o cuidados generales, la herramienta trabaja con base en su ubicación geográfica para poner al usuario en contacto con especialistas del área.

En su metodología implementaron conceptos asociados con la inteligencia artificial para que a partir de una base de conocimiento el sistema responda de acuerdo a reglas y algoritmos gramaticales con la mejor respuesta para el usuario, además destacan que este tipo de aplicaciones no sustituyen la opinión de un experto en situaciones de riesgo o de cuidado especial. Como resultado, obtuvieron un prototipo de agente conversacional o Bot, funcional implementado sobre una plataforma web.

Al final concluyeron que el software es un sistema que se encuentra en crecimiento y que sus usuarios son los que proporcionan la información para que el Bot adquiera nuevos conocimientos por medio de las preguntas relacionadas, pues como toda inteligencia artificial, se encuentra aprendiendo constantemente, las preguntas que no se encuentran en su base de conocimiento no podrán ser respondidas (Rodríguez, 2022), contrastando las conclusiones con las de este y otros estudios similares, los Bots están delimitados a las tareas para las que fueron diseñados y se desea que cumplan con nuevas especificaciones tendrán que ser programados para ampliar su base de conocimientos.

Otro de los aportes es el caso del siguiente trabajo con el formato de publicación "carta al editor", se encontró el análisis que efectuaron Segrelles-Calvo et al., (2021), en él, realizan una búsqueda literaria de publicaciones relacionadas al uso de chat Bot en la medicina o específicamente en el tema que nos concierne, la lucha contra el tabaquismo, los trabajos son similares a los presentados en párrafos anteriores de este documento en tanto en objetivos como en resultados, pero se pueden destacar las conclusiones a las que llegaron los autores relacionadas, con las limitantes en cuanto al uso de chat Bots.

Los autores mencionan que se tiene una limitación al momento de realizar la interacción humana debido a que no se puede tener un tratamiento personalizado lo cual podría propiciar algún tipo de daño en los pacientes si no se detecta a tiempo, estas interacciones deberían ser avaladas en su totalidad por profesionales médicos, en contraparte mencionan que este tipo de tecnología tiene un gran potencial para combatir el tabaquismo pero antes habría que demostrar su efectividad, al final reconocen que actualmente existe poca evidencia pero esta, aunque es mínima es esperanzadora, (Segrelles-Calvo et al., 2021).

El campo de aplicación, hoy en día para los chat Bots es muy amplio, como muestra se tiene el aporte de la tesis de Diaz Guerra (2021), en la cual expone el trabajo de un chat Bot denominado OncoBot para el aprendizaje de la prevención de cáncer de mama, donde aborda temas relacionados con este tipo de cáncer apoyando en la prevención del diagnóstico a tiempo del cáncer de mama, cuya mayor preocupación es el alto índice de mortalidad a consecuencia de un diagnóstico tardío, como objetivo principal de su trabajo fue el de determinar el efecto del incremento del conocimiento usando chat Bot para el aprendizaje de la prevención del cáncer de mama.

En su metodología el autor utilizó un tipo de investigación aplicada experimental, un diseño preexperimental seguido del tratamiento y finalmente la prueba post-estimulación, además utilizó el diseño previo al ensayo porque el ensayo anterior se realizó en el grupo 1 sin el uso de la herramienta propuesta.

Como resultados el autor obtuvo que, en relación al conocimiento de las 34 personas sobre la prevención del cáncer de mama, se obtuvo que el porcentaje de conocimiento incrementó a 70%, el porcentaje de motivación incrementó a 76% y el porcentaje de satisfacción incrementó a 81%. En conclusión, el autor determino que según los resultados obtenidos, el aprendizaje relacionado con la prevención del cáncer de mama mediante el chat Bot denominado OncoBot, se tiene un efecto positivo en el grupo de personas que participaron en el estudio, esto observado en el incremento de conocimiento, de motivación y aumento de satisfacción que se logró tras realizarse las interacciones por parte de los participantes que han estado usando el chat Bot OncoBot (Diaz Guerra, 2021).

Otra tesis que trata sobre la misma línea de investigación al respecto es la publicada por los autores Cruz Barrera y Zambrano Lazarte (2020), los cuales aseguran que la herramienta es capaz de "ayudar a los usuarios a reflexionar y alcanzar un mayor nivel de conocimiento sobre sexualidad" (p. 9), el objetivo principal que plantearon los autores fue el de determinar el efecto de un chat Bot para el aprendizaje de la sexualidad, como metodología se implementó un estudio de tipo aplicado y un diseño pre experimental, en cuanto al desarrollo de software utilizaron una metodología del tipo SCRUM, y para realizar el estudio una muestra de 60 personas en la ciudad de San Juan de Lurigancho.

Como resultados los autores determinaron que el uso del chat Bot incrementa el nivel de conocimiento en un 33%, el de motivación un 84% y el de satisfacción del usuario en un 80%, al final concluyeron que durante el desarrollo de la investigación se pudo determinar el efecto del chat Bot para el aprendizaje de sexualidad como exitoso ya que cumplió con el objetivo incrementando el conocimiento, la motivación y la satisfacción (Cruz Barrera y Zambrano Lazarte, 2020).

Precediendo a la investigación descrita en párrafos anteriores Ávila-Tomás et al., (2020), también realizaron un estudio donde interviene un chat Bot denominado Dejal@Bot, y el tratamiento contra el tabaquismo, en el cual, si bien no destacan en su publicación aspectos técnicos como por ejemplo, lenguajes de programación, sistemas operativos, plataformas de internet de soporte utilizadas, librerías, mensajes, entro otros, tampoco mencionan en el estudio una metodología clara del seguimiento realizado para el desarrollo del Bot, lo que si mencionan son algunas de las directrices que se deben cumplir este tipo de aplicaciones.

Estas directrices, apoyadas por profesionales son es que sus contenidos se basen evidencia científica, que ofrezcan seguridad y privacidad, en el caso de los usuarios requieren de una herramienta personalizable, de bajo costo, y que ayude a afrontar síntomas de abstinencia y efectos secundarios.

Al termino concluyen con las siguientes afirmaciones; existe una necesidad primordial de evaluar herramientas digitales luego de ser implementadas para demostrar su validez, se deben generar lenguajes comunes en un entorno que trasciende a los profesionales sanitarios es una necesidad actual, esto con la intención de tener comunicación efectiva entre profesionales de la salud y con informáticos y programadores de software además como último punto se deben tomar en cuenta las valoraciones y opiniones previas de usuarios y profesionales antes de iniciar cualquier proceso de elaboración de cualquier aplicación (Ávila-Tomás et al., 2020).

Unos cuantos años atrás, en 2017, Velázquez-Macias, et al., publicaron un artículo del cual se desprende el presente trabajo de investigación titulado "Desarrollo de un Bot para apoyo en el tratamiento del tabaquismo en el Centro de Integración Juvenil en Zacatecas", desarrollaron un Bot como apoyo en el tratamiento contra el tabaquismo.

En dicho artículo, expresaron de forma gráfica el uso que se le dio al Bot al recopilar hábitos de consumo de tabaco entre los pacientes, sustituyendo medios físicos de registro, las funciones del Bot se limitaron a guardar información proporcionada por pacientes y terapeutas y a proporcionar tips con consejos de salud, el Bot no tenía la capacidad de diagnosticar o determinar tratamientos individualizados.

Como conclusión, argumentaron que el desarrollo de Bots es una característica del software poco explorada en este tipo de intervenciones, al desarrollar el proyecto se dio apoyo y soporte, al fungir como complemento en los tratamientos de los pacientes con tabaquismo, que los profesionales de la salud indiquen. (Velázquez Macías et al., 2017).

Además de los Bots enfocados en el tratamiento contra el tabaquismo también existen otros que apoyan en otras áreas médicas, como lo expresan Pérez Peña y Ramos Jurado, (2021), en su tesis titulada "Chatbot con inteligencia artificial para el proceso de atención al Cliente en el Servicio de Urología de un establecimiento de salud", los autores detallan las bondades del chat Bot;

Mejora los procesos de atención en los pacientes permitiendo optimizar los recursos que participan en la operativa, mediante el uso de la web se analizó y mejoro el flujo asistencial por parte de los pacientes así mismo se presentó una alternativa en la toma de citas como en la creación de órdenes de pago para los diferentes servicios que se prestan. (p. 8)

Además, describen que la herramienta mejoro el nivel de satisfacción de los pacientes y asistentes al centro de salud en horas pico, siendo esta parte la principal problemática en el estudio.

El objetivo general de su tesis fue determinar cómo un chat Bot sinónimo simplemente de Bot o más técnicamente definido como asistente personal autónomo, el cual tenía algunos principios de inteligencia artificial, mejora la atención al paciente en el servicio de urología de un centro de salud, mediante el uso de una aplicación web se examinó y mejoro el flujo por parte de los pacientes, se propuso una alternativa a la gestión de citas y al proceso de cobros de los diferentes servicios que se ofrecen, con ello se mejoró el porcentaje de satisfacción de los pacientes y visitantes al centro de salud en el rango de horas pico, reconociendo en estos los principales problemas que se presentaron en el estudio del estudio.

Como proceso metodológico para su tesis, se utilizó la encuesta como técnica para evaluar las variables de estudio, mismas que fueron las que fueron asignadas a los pacientes de urología dentro del proceso de atención. El instrumento empleado para la recolección de los datos fue un cuestionario compuesto por 40 reactivos, la confiabilidad del mismo se determinó mediante el coeficiente alfa de Cronbach con el apoyo de 30 pacientes que utilizaron el Bot y respondieron el cuestionario para de manera confidencial y objetiva de acuerdo a su percepción personal.

Al concluir la investigación se estableció que un uso adecuado del chat Bot por parte de los pacientes, mejoro significativamente la satisfacción del cliente, según los autores, en un 78.92% determinado como un resultado aceptable. (Pérez Peña y Ramos Jurado, 2021).

En otro estudio más específico relacionado con los jóvenes y el tema de la salud sexual realizado en una escuela de Chile, Barker Maillard (2019), se planteó como objetivo evaluar y desarrollar un Bot con un sistema de asistencia virtual sobre sexualidad en base a herramientas de Inteligencia Artificial en un colegio de Chile.

El Bot se diseñó para ser utilizado como herramienta complementaria para fortalecer los temas de educación sexual en alumnos de educación media, por medio de recopilación de resultados de encuestas estadísticas a través de un plan de análisis de datos cuantitativos.

Desde la observación de las respuestas y el enfoque en las preguntas de investigación principales de su estudio, determinaron los siguientes resultados; la percepción por los usuarios del Bot llamado Isidora en términos generales fue positiva, debido a que el 73% de los alumnos que argumentaron estar satisfechos con el Bot, mientras que el 86% menciono que desea continuar con acceso a la herramienta, 82% dijo tener una influencia positiva con su uso y un 97% asegura que es un instrumento útil para los adolescentes.

Como conclusión mencionan que el Bot tiene un gran potencial para funcionar como herramienta de soporte en la educación de un grupo variado de adolescentes y además responder dudas acerca de educación sexual ayudando a afianzar sus conocimientos para así tener más responsabilidad acerca de la temática (Barker Maillard, 2019).

A cinco años atrás del estudio anterior ya en 2014 se iniciaban los desarrollos en esta área, un trabajo de investigación realizado en México, en el cual Cabrera Mendoza et al., (2014), diseñaron y desarrollaron un sistema de mensajería móvil llamado mSalUV, que permitía a los pacientes con diabetes mellitus tipo dos recordar fechas y horas de sus citas además de la toma oportuna y a tiempo de los medicamentos, por otro lado, promovía formas de vida saludables y, en segundo plano reunía datos estadísticos para posteriormente evaluar su efectividad.

La metodología del trabajo se dividió en tres fases; la primera abarcó el diseño y desarrollo de la aplicación para dispositivos móviles mSalUV, La segunda sirvió para generar y redactar los mensajes de texto a enviar para tres ramas diferentes y la tercera averiguar la opinión de los usuarios con respecto al uso de mSalUV, en el estudio se contempló aun total de 46 pacientes previamente seleccionados y de los cuales cubrían los requisitos definidos por los autores, además se diseñaron alrededor de 40 mensajes de texto aprobados por las autoridades médicas.

Durante los 45 días del periodo contemplado para recabar los datos, se enviaron un total de 1850 mensajes, los usuarios argumentaron que la aplicación móvil mSalUV los ayudaba en el tratamiento de su enfermedad, que su vez era fácil de usar y mostraron inquietud en seguir utilizando dicha aplicación en un futuro, las conclusiones a las que llegaron los autores definen el sistema como aceptable por los usuarios, personas con diabetes mellitus 2, lo que plantea un escenario

interesante para aprovechar las nuevas tecnologías en beneficio de la salud
(Cabrera Mendoza et al., 2014).

2.2 Bases Teóricas

2.2.1 La salud electrónica

El termino de salud electrónica o e-health en inglés, ha sido utilizado por
algunos autores para describir las prácticas de atención médica con base en
procesos y comunicaciones electrónicos, la Organización Mundial de la Salud lo
define como el uso rentable y seguro de las TICs en apoyo a la salud y sus campos,
comprendidos los servicios de atención y vigilancia médica, la literatura, educación
e investigación relacionada con temas de la salud. Existen otras descripciones del
término como, por ejemplo, León et al., (2015), menciona que el termino e-health
hace referencia a la atención y práctica de la salud con auxilio de las tecnologías de
información, en coincidencia, para Fernández, (2020).

El termino, aparte de hacer referencia a las tecnologías de información como
apoyo a la salud también menciona que tiene que ver con los entornos médicos en
varios niveles; gestión, prevención, diagnóstico, seguimiento y tratamiento, Bonet et
al., (2017), añade que estas tecnologías se combinan con conceptos clínicos, éticos,
administrativos y educativos, con el objetivo de fortalecer el sistema de salud, y
facilitar un mayor acceso por parte de la población a la salud.

El estudio y la herramienta asociada presentada en este documento encaja perfectamente en el término salud electrónica de forma globalizada debido a que dentro de su metodología se implementan medios tecnológicos dentro de la administración de su trabajo, ya sea de forma preventiva, informativa, de atención o de tratamiento.

2.2.2 La salud móvil

El término de salud móvil, m-salud o m-health en inglés, se considera parte de la e-health o salud electrónica, León et al., (2015), expresa que este concepto se refiere al componente de la salud electrónica que utiliza dispositivos móviles tales como teléfonos celulares, tabletas y dispositivos electrónicos de bolsillo para proporcionar servicios de salud, Ruiz et al ., (2015), agrega que estos dispositivos sirven además para transmitir y proporcionar asistencia e información médica, pero no solo conlleva el uso de este tipo de dispositivos además se toma en cuenta los servicios que están a su alrededor como por ejemplo el uso de mensajes de texto, transmisiones inalámbricas, llamadas de voz, y aplicaciones móviles para transmitir información relacionada con la salud (Betjeman et al., 2013).

En otros aportes a la definición, también se considera el entorno global del uso de un teléfono móvil y de las plataformas y tecnologías que lo soportan, como por ejemplo, sistemas de posicionamiento global o GPS y tecnologías Bluetooth (Rowland et al., 2020).

La herramienta asociada al presente trabajo para el registro y seguimiento de los pacientes en tratamiento contra el tabaquismo se considera dentro de la categoría de las involucradas en la salud móvil, el Bot al trabajar de una aplicación móvil se considera en conjunto como tal, por tanto, dicha aplicación se encuentra dentro de la categoría de las consideradas como salud móvil.

2.2.3 Inteligencia artificial

Para tratar de acercarse a una definición más o menos estandarizada del término Inteligencia artificial, la mayoría de los autores se remontan al año 1950 cuando Alan Turing propuso una serie de criterios para determinar si una máquina puede ser (o no) tan inteligente como el hombre (Bistarelli et al., 2012), en base a estos criterios algunos autores han tratado de proponer algunas definiciones pero sin ponerse de acuerdo aun sobre una definición precisa y universal, el término como tal de la inteligencia artificial fue propuesto en 1956 por John McCarthy para referirse a la rama de la informática que se dedicaba al estudio y diseño de máquinas inteligentes.

A partir de ahí algunos investigadores llegaron a la conclusión de que basta la prueba de Turing para definir la inteligencia artificial (Alfonseca, 2014), algunos autores abarcan un poco más con su definición argumentando por ejemplo que la Inteligencia Artificial es la capacidad de las máquinas para usar algoritmos informáticos, aprender de los datos y utilizarlos en la toma de decisiones similar a la acción humana (Rouhiainen, 2018), algunos otros consideran a Alan Turing como el padre de la Inteligencia artificial dándole todo el crédito a sus afirmaciones y conclusiones (Estrada Cutimbo, 2018).

Actualmente se manejan dos vertientes hacia la inteligencia artificial, la primera nombrada como Inteligencia Artificial General relacionada con la capacidad de resolver tareas, como pensar y actuar semejante a la mente humana. La segunda denominada Inteligencia Artificial Estrecha o Inteligencia Artificial débil relacionada con la capacidad de realizar tareas específicas y repetitivas (Leyva-Vázquez y Smarandache, 2018).

El Bot por su naturaleza intrínseca encaja perfectamente en la segunda vertiente debido a que posee capacidades muy específicas y que podrían considerarse repetitivas, ya que todo en su programación está definido para responder a ciertos comandos previamente definidos, podría considerarse un tipo de inteligencia artificial demasiado básica porque no tiene la capacidad de aprender nuevas acciones o responder a comandos nuevos introducidos por el usuario.

En cambio el Bot solamente es capaz de responder aquellas cuestiones para las que fue programado y las acciones no reconocidas pueden ser fácilmente interpretadas con respuestas por default o con mensajes de no reconocimiento, esto no impide que puedan aprovecharse de forma práctica sus atributos o que se vean limitados por la funcionalidad antes mencionada, ya que conforme pasa el tiempo pueden aumentar su base de conocimientos de acuerdo a criterios observados por los programadores en base a la experiencia.

2.2.4 Asistentes personales

Cuando se hace referencia a una máquina con Inteligencia Artificial puede denominarse como robot cuando está compuesto por componentes de hardware, y Bot cuando está compuesto por componentes software, ambos también son denominados agentes. Algunos agentes que están teniendo un gran auge actualmente son los chats Bots y los asistentes personales. Un chat Bot es un Bot que interactúa a través de mensajería por medio de cadenas de texto, por el contrario un asistente personal inteligente es un Bot que realiza tareas determinadas y ofrece servicios de diferentes tipos como búsquedas basadas en internet o la activación de periféricos compatibles, (Rabelo et al., 2018).

Los asistentes personales o agentes virtuales responden a preguntas más complejas y a su vez pueden aprender con el tiempo las costumbres y preferencias de los usuarios, hoy en día existen en el mercado diferentes opciones como, por ejemplo; Alexa, Siri, Cortana, entre otros.

Estas opciones comerciales ofrecen diferentes funcionalidades, como por ejemplo reconocimiento de voz, subscripciones a servicios, integración con periféricos inteligentes, entre otros. Estos dispositivos han tenido un auge importante entre los consumidores, según un estudio que realizó Microsoft en 2019 denominado "Informe de voz de 2019: adopción de tecnología de voz y asistentes digitales por parte de los consumidores" menciona que las nuevas tecnologías de reconocimientos de voz han dado a una nueva generación de asistentes digitales y de voz.

Los consumidores ahora pueden interactuar con los motores de búsqueda en un nivel más profundo y de manera más significativa por el poder de su voz y con el apoyo de la inteligencia artificial, además menciona que en su estudio el 72% de los encuestados informaron haber usado un asistente digital en los últimos 6 meses, este informe analiza la última tecnología de reconocimiento de voz y las tecnologías de inteligencia artificial que las respaldan.

Los resultados se basan en dos encuestas centradas en el consumidor y datos internos de Microsoft en diversos temas entre los que destacan; la adopción y uso de tecnología de voz en asistentes digitales, la confianza de los consumidores en las tecnologías de voz. la funcionalidad de los asistentes digitales y sus habilidades en el reconocimiento de la voz y la evolución del comercio electrónico (Olson y Kemery, 2019).

Aunque existen diversas opciones en cuanto a dispositivos que funcionan como asistentes digitales, algunas de ellas son poco conocidas entre los consumidores, los grandes monopolios tienen dominado el mercado por completo, muestra de ello es que tan solo el 1% del mercado está representado por estas opciones alternativas, en la figura 3 se muestra la distribución de usuarios a nivel mundial de los asistentes personales más populares en 2019.

Figura 3 *Porcentaje de uso de asistentes personales en el mercado en 2019*

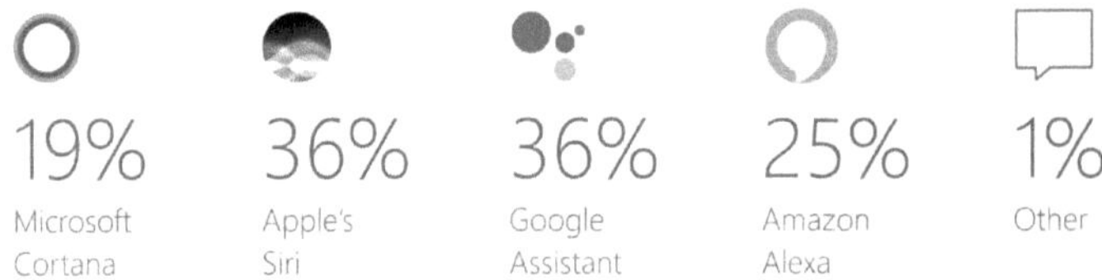

Nota. Tomado de (Olson y Kemery, 2019, p.x. 9).

2.2.5 Los Bots

Los Bots o chat Bots son considerados agentes conversacionales los cuales responden a guiones ya predeterminados en su fase de programación, pueden ser definidos como robots que interactúan con personas a través de mensajes de chat, simulando ser un operador o una persona en tiempo real (Leyva-Vázquez y Smarandache, 2018), la comunicación de un Bot es muy simple, solamente responde a las preguntas realizadas por el usuario (Dahiya, 2017) y sus respuestas según Guerrero et al., (2017), están basadas en bases de conocimiento y representadas por mensajes de texto en lenguaje natural.

En otras palabras, un Bot es un sistema de diálogo entre humano y computadora en línea por medio de un lenguaje conocido por el humano, el Bot se considera un agente encarnado en la tecnología por el hecho de proporcionar una sensación de presencia (Cahn, 2017), incluso como forma opcional a algunos se les dieron nombres con el fin de generar confianza en el usuario y de cumplir con la cuestión anterior, por ejemplo, Selena (Velázquez Macías et al., 2016), o Geraldine (Velázquez Macías et al., 2017).

Un Bot además, es una aplicación de software que se agrega a una solución de aplicación de mensajería como un contacto y que ofrece a través de la interacción con un servicio web y una base de datos una repuesta devuelta también como mensaje de texto (Guerrero et al., 2017), Estos programas están diseñados para simular cómo se comportaría un humano como compañero de conversación, pero sin inteligencia propia, excepto la que le hayan otorgado sus programadores (Barker Maillard, 2019).

Actualmente existen infinidad de Bot programados para satisfacer las necesidades de distintas disciplinas, algunos más complejos que otros, pero todos cumplen con la función básica de interactuar con los seres humanos por medio de mensajes de texto, entre los que destacan Bots de ayuda en plataformas Web, Bots de consulta de clima y calidad del aire, Bots enfocados en temas de salud que son los que interesan en el presente trabajo de investigación, algunos Bots más específicos para realizar tareas determinadas los cuales no están disponibles para el público en general y están reservados para empleados o directivos de algunas grandes empresas. Algunos Bots han tenido bastante aceptación entre empresas dedicadas al comercio electrónico y usuarios consumidores, estos proporcionan un cambio en la experiencia de compra y atención al cliente por parte de las empresas hacia sus potenciales compradores, interviene una interacción bidireccional entre el consumidor y el negocio, tienen grandes ventajas debido a que ofrecen servicios instantáneos a cualquier hora del día, proporcionan ayuda por medio de un banco de preguntas, permiten además compras simples, proporcionan ofertas y novedades y pueden enviar alertas sobre el inventario disponible (Chesñevar y Estevez, 2018).

2.2.6 Aplicaciones para crear Bots

En la actualidad existen infinidad de aplicaciones móviles de mensajería instantánea como, por ejemplo; WhatsApp, Line, Snapchat, Facebook Messenger y Telegram que comparten la mayoría de sus funciones principales. Telegram Messenger es una aplicación desarrollada y mantenida desde el año 2013 por los hermanos Nikolái y Pável Dúrov.

Una de sus funciones principales se enfoca en el envío y recepción de mensajes de texto y multimedia, es gestionada por una organización sin ánimo de lucro con centro de operaciones en Dubái, Emiratos Árabes (Galán Pache, 2014). Soporta el alojamiento de todo tipo de archivos, una de sus principales capacidades es la de dar sustento a la plataforma de Bots, que permiten la creación de conversaciones interactivas por medio de diálogos predefinidos (Benito Rodríguez, 2018).

Telegram es la única aplicación de mensajería instantánea en 2020, que proporciona la capacidad a sus usuarios de crear Bots para una diversidad de aplicaciones según sus necesidades, (Mulyanto, 2020), incluso, los usuarios pueden desarrollar Bots para administrar pagos, desarrollar juegos, moderar grupos automatizar tareas, entre otros, todo ello gracias a los principios de la inteligencia artificial. Es compatible con la mayoría de los sistemas basados en Android de Google y de sistemas IOS de Apple además es compatible para iniciar sesión en navegadores modernos (Gil y Afrashtehfar, 2020).

Para la programación del Bot se utilizó el lenguaje de programación Python creado por Guido van Rossum a principios de los años 90 cuyo nombre está inspirado en el grupo de cómicos ingleses "Monty Python" (González Duque, 2011). Implementado además con las librerías proporcionadas por Telepot, las cuales ayudan a crear aplicaciones del tipo Bot utilizando los servicios proporcionados por Telegram, (Rodrigues et al., s/f).

En la actualidad (2022), la mayoría de los servicios de mensajería instantánea proporciona la capacidad de generar Bots como parte de los servicios que prestan a los usuarios, gracias a la liberación de sus librerías, algunas de ellas con soporte de tipo comercial para quien puede costear una licencia y algunos otros de tipo libre para que cualquier usuario genere, desarrolle y de soporte a las tareas específicas que se requieran por medio de un Bot.

2.3 Conceptos generales relacionados con el proyecto

A lo largo del documento se utilizarán diversas terminologías y modismos algunos de ellos anglosajones que fueron adoptados en el idioma español y que no se traducen de forma literal, estos términos técnicos están relacionados directamente al proyecto y sirven para contextualizar la organización compleja de todo el proyecto;

2.3.1 El software

Según Sommerville (2010), el software no son solo programas de computadora, sino que también intervienen la documentación asociada y las configuraciones de datos que hacen que estos programas funcionen de la forma para los que fueron creados (Montilva et al., 2003), estos programas en conjunto forman aplicaciones más complejas las cuales puede ser aplicaciones de escritorio, webs incluso móviles, entre otros, Sommerville (2010).

Para complementar la definición los actores que realizan estas tareas, en este caso los programadores profesionales, son los que mantienen actualizan y dan mantenimiento a los programas por un cierto lapso de tiempo (Pressman, 2010), aunado a esto se requiere del manejo de otro concepto, la "ingeniería de software" para producir software con calidad apoyándose en métodos, principios establecidos y validados por la misma.

El Bot al estar escrito en un lenguaje de programación, en este caso Python es considerado un software del tipo aplicativo y cumple con las condiciones básicas para ser considerado un software, debido a que necesita actualizaciones, adecuaciones y corrección de errores, tiene además la característica de ser intangible y su almacenamiento se realiza a través de medios digitales, como discos duros mecánicos o de estado sólido o en algún servicio proporcionado en la nube.

2.3.2 Ingeniería de software

Sommerville, (2005), expone que el terminó denominado como ingeniería de software se desprende de una rama de la Ingeniería, el cual, es el sostén principal para el desarrollo de aplicaciones de software, en ella se aplican guías sistemáticas, organizadas disciplinados y cuantificables que facilitan el desarrollo para con ello crear software de alta calidad.

La ingeniería de software se centra en la problemática sobre la producción de software, sus gestores, los ingenieros de software requieren de las habilidades necesarias en las ciencias de la computación (Sommerville, 2005). Mientras que

Pressman (2010), opina que los procesos, los métodos y las herramientas permiten a los ingenieros de software cumplir con su cometido, elaboración del software.

Todo desarrollo de software debería estar alineado a alguna metodología reconocida por la ingeniería de software para cumplir con los requisitos de calidad, funcionalidad y compatibilidades necesarias, asimismo para tener un control de documentación solida que permita actualizar dependiendo de las necesidades del cliente y los usuarios y corregir cualquier error generado a partir de cambios en software o por entradas erróneas generadas por los usuarios.

Un chat Bot combina toda la complejidad que le permite la ingeniería de software con toda la complejidad del procesamiento de lenguaje natural, esto proporciona la solides necesaria para que puedan implementarse en distintas plataformas muchas veces tendrán que utilizar servicios de terceros o manipular bases de datos de distintos proveedores, incluso podrán activar sensores a distancia o periféricos inteligentes compatibles.

2.3.3 Ciclo de desarrollo de software

Al trabajar en la construcción de un producto o sistema, es importante ejecutar una serie de pasos previamente definidos para obtener en tiempo y forma el producto deseado a este conjunto de paso se le conoce como "proceso del software" (Pressman, 2010). Para organizar estas actividades se deben considerar aspectos como secuencias, tiempos y recursos, para ello existen diferentes formas de representación del flujo de las tareas, las cuales deberán ser consideradas de acuerdo al tipo y tamaño del proyecto.

En el desarrollo del Bot involucrado en el presente documento se seleccionó el método del proceso de software lineal, para el cual Pressman (2010), considera cinco actividades estructurales para el desarrollo de las acciones generales en la ingeniería de software, las cuales están ordenadas de forma jerárquica y funcionan una detrás de otra como se muestra a continuación; comunicación, planeación, modelado, construcción y despliegue.

Dichas actividades se pueden ordenar dependiendo de las necesidades del proyecto, pero en general cada una describe la forma en que el flujo de procesos se desarrolla, por practicidad y debido a que se conocen de forma clara los requerimientos previos al desarrollo del Bot se seleccionó el modelo de la cascada o mejor llamado también ciclo de vida clásico.

2.3.4 Ciclo en cascada

En Ingeniería de software y en general en el ámbito del desarrollo de sistemas de escritorio, web o móviles, el ciclo de desarrollo en cascada, también conocido como secuencial, es una de las distintas metodologías utilizadas en el desarrollo de software.

Está metodología en particular ordena las distintas etapas del desarrollo de la aplicación en forma secuencial donde cada etapa debe esperar a que finalice la etapa que la precede antes de realizar algún comienzo para evitar pasos en falso, al término de todas las etapas se efectúa una exploración completa, si hubiese algún error o fallas en el sistema, se tendrán que repetir los procesos de la, o las fases involucradas a modo de corregir el código causante del inconveniente (Mantilla et al., 2014).

Este ciclo de desarrollo se adapta fácilmente cuando se trabaja en desarrollos de aplicaciones móviles debido a la facilidad de implementación y a la lógica que sigue en sus procesos la cual puede ser fácilmente entendida por los programadores profesionales (Oberti y Bacci, 2016).

Pressman (2010), cree que aunque este sistema tenga diversas ventajas en su implementación, algunas de sus desventajas son los riesgos naturales que todo proyecto presenta y los cuales alteran el flujo secuencial de las actividades, otra desventaja seria que muchas veces los clientes no expresan los requerimiento de forma completa al inicio del proyecto, y que no existirá una versión funcional hasta el término del proceso, cosa que muchas veces a los clientes les causa incertidumbre sobre los resultados finales.

2.3.5 Metodología de desarrollo de aplicaciones móviles

Si se adapta la metodología de desarrollo en cascada a un proyecto de aplicación móvil se tendrán resultados rápidos en corto tiempo, esta metodología fue la empleada en la elaboración del chat Bot (considerado además como una aplicación para dispositivos móviles), se basa en técnicas utilizadas y aceptadas en la industria del desarrollo de aplicaciones móviles, la ingeniería de software educativo y en el concepto de metodología ágil por su versatilidad y rápido desempeño, esta metodología se divide en los siguientes etapas; Análisis, Diseño, Desarrollo, Pruebas de Funcionamiento y Entrega (Mantilla et al., 2014).

Como se puede observar en la figura 4 se representan todas las etapas incluyendo algunas de sus tareas asociadas y destinadas a trabajar y cumplir con el objetivo propuesto en cada etapa, los cuales serán descritas en párrafos posteriores.

Figura 4 *Etapas de la metodología para el desarrollo de aplicaciones móviles.*

Nota. Adaptado de Etapas de la metodología para el desarrollo de aplicaciones móviles, de Mantilla et al., (2014).

En la fase de análisis, como su nombre lo indica se analizan las necesidades de los usuarios finales del software o aplicación, para determinar los objetivos que se deben cumplir, los procedimientos procesos se deben efectuar, la manipulación y trato que se le debe dar a la información, además es considerada como la parte más importante debido a que esta debido a que aquí parte el inicio de una buena planeación y de aquí se desarrollan las demás fases del proyecto (Mantilla et al., 2014).

En este sentido el proceso de recopilación de los requisitos se concentra en el software, adicionalmente se debe comprender el espacio y las limitaciones del software, sus funciones, posible desempeño y sus interfaces (Maida y Pacienzia, 2015), en otras palabras el análisis define "que" del software, es decir que función desempeñara el nuevo programa (Adenowo y Adenowo, 2013).

En la fase de diseño las actividades se dividen y ordenan de tal forma que los componentes puedan desarrollarse por separado uno detrás de otra, es decir se modularizan, por lo tanto estas actividades pueden distribuirse entre el recurso humano más fácilmente, para este proyecto se utilizaron dos tipos de diseño; el de alto nivel y el arquitectónico, el primero define básicamente la lógica que debe seguir proyecto para obtener y procesar la información mientras que el segundo define las operaciones y algoritmos que deberá utilizar software para realizar las tareas encomendadas (Mantilla et al., 2014), esta fase describe el "cómo" de un sistema de software (Adenowo y Adenowo, 2013).

En la etapa de desarrollo se implementa el código fuente de acuerdo al lenguaje o incluso lenguajes de programación que fueron seleccionados por el área de desarrollo, generando inicialmente prototipos de software realizando pruebas y validaciones básicas. El lenguaje de programación estará sujeto a las capacidades de los equipos de cómputo y a las necesidades requeridas en la primera fase, las librerías y código reutilizable serán de gran utilidad en las fases más avanzadas del proyecto agilizando los resultados con una programación más eficiente. (Mantilla et al., 2014).

Las pruebas de funcionamiento se realizan sobre los módulos previamente codificados, se conectan entre sí para comprobar la integridad de la información, esperando con ello obtener los resultados esperados con el tratamiento correcto de la información, todo este trabajo es un paso anterior a la entrega al usuario final del sistema (Mantilla et al., 2014).

En la última fase del proyecto y de la metodología en cascada, el usuario final realiza pruebas para comprobar que el sistema realiza lo que se pretendió en un inicio y que a su vez cubre con sus expectativas (Mantilla et al., 2014).

2.3.6 Sistemas operativos de soporte

Del lado del cliente, el Bot utiliza la plataforma de Telegram para funcionar, por lo tanto, se debe tener un dispositivo que admita esta aplicación móvil, por fortuna Telegram se puede instalar en la mayoría de sistemas operativos basados en Android, propiedad de Google y en IOS propiedad de Apple, además tiene soporte para ejecutarse en cualquier navegador moderno (Gil y Afrashtehfar, 2020).

Un sistema operativo es un tipo de software complejo que sirve de intermediario entre las aplicaciones y todos los dispositivos de hardware de una computadora, Tablet, teléfonos móviles o cualquier otro dispositivo inteligente, también se cataloga como un conjunto de programas que permite gestionar la memoria RAM, el disco duro, los medios de almacenamiento y todos los periféricos con los que cuente el dispositivo en cuestión.

El sistema operativo se ocupa también de ejecutar procesos y programas necesarios para que el dispositivo interaccione de forma correcta con el usuario y responda a las acciones del mismo de una manera rápida y sin errores, y siempre cuidando la integridad de la información.

Del lado del servidor, el Bot estará en ejecución constante e indefinida y necesitara de un sistema operativo estable y con la suficiente capacidad para poder responder a todas las peticiones que en determinado momento suelen ser numerosas, además que pueda tener una gestión correcta de errores para mantener el Bot en ejecución el mayor tiempo posible, de esta forma no se verán afectas las solicitudes de los usuarios y con ello tendrán una experiencia más satisfactoria.

2.3.7 Lenguaje de programación

Para la elaboración del Bot se utilizó el lenguaje de programación Python creado por Guido van Rossum a principios de los años 90 cuyo nombre está inspirado en el grupo de cómicos ingleses "Monty Python". Se trata de un lenguaje interpretado, multiplataforma y orientado a objetos (González Duque, 2011). Implementado además con las librerías proporcionadas por Telepot, las cuales ayudan a crear aplicaciones del tipo Bot utilizando los servicios proporcionados por Telegram (Rodrigues et al., s/f).

Existen otras alternativas que presentan un nivel más avanzado de programación a través de los denominados frameworks y algunas otras herramientas de análisis sintáctico las cuales según sus capacidades pueden ser de paga, es decir se requiere adquirir una licencia para poder utilizarlas, en contraparte el Bot utilizado en la presente investigación se desarrolló e implemento en software libre tanto para escribir su código como para implementarlo dentro un sistema operativo.

2.3.8 Bases de datos

Es el medio principal para el almacenamiento de datos estructurados, conecta sus estructuras entre si formando un solo módulo de datos agrupados en una unidad lógica, estas se utilizan para administrar enormes conjuntos de información, una base de datos, es pues una compilación organizada de información que originalmente se almacena electrónicamente en sistemas informáticos (Greenwald et al., 2013).

Para poder tener un registro de las actividades de los pacientes dentro del Bot, ese debió tener la capacidad de almacenar los datos para posteriormente ser consultados dentro de la plataforma de consulta diseñada para ello, este proceso se realiza y gestiona del lado del servidor, el cual es un proceso completamente transparente para los pacientes y terapeutas, siguiendo las normativas básicas que debe cumplir la manipulación de una base de datos; integridad, seguridad, confiabilidad y disponibilidad.

2.4 Enfoque teórico

El enfoque teórico propuesto en el presente documento se divide en dos partes; la primera hace referencia a las teorías que sustentan el desarrollo de software y la segunda a las teorías que tienen que ver con la evaluación de la herramienta generada a partir de las normas establecidas en la primera parte, dicha evaluación tiene que ver con la medición del impacto y la eficacia en concordancia con los resultados obtenidos sin el uso de la herramienta y posterior a ella.

Dicho esto, la siguiente metodología hace referencia a los procesos involucrados en el desarrollo de aplicaciones móviles algunas de ellas, por ejemplo, son las metodologías ágiles, las cuales se han utilizado desde el inicio de la tendencia hacia el desarrollo de aplicaciones móviles, debido a que presentan soluciones rápidas, en especial aquellos proyectos donde los requerimientos cambian constantemente.

Estas aplicaciones tienen que considerar una serie de características y condiciones especiales, las cuales deberán contemplar distintos requisitos como lo son: canal, movilidad, portabilidad, capacidades específicas de las terminales, los desarrollos y proyectos para dispositivos móviles, normalmente se realizan sin orden establecido y por desarrolladores individuales que no implementan algún tipo de metodología relacionada con la Ingeniería de Software (Balaguera, 2013).

Esta metodología se considera como moderan por su capacidad de adaptación a diferentes entornos y por como su nombre lo indica la agilidad en sus resultados, en contra parte también existe la metodología tradicional, considerada como pesada por documentar todos sus procesos y su planificación de forma estricta los cuales deberán estar bien definidos desde el principio, imponen ciertas disciplinas lo que convierten un trabajo riguroso para con ello eficientar el proceso de desarrollo de software, estas metodologías no suelen adaptarse correctamente a los cambios, por lo que no se recomienda en escenarios donde los requisitos no pueden predecirse o varían constantemente de estado conforme pasa el tiempo (Maida y Pacienzia, 2015).

Por consiguiente, y teniendo en consideración las dos alternativas en este proyecto se declinó por utilizar una metodología tradicional, puesto que se cuenta con todos los requisitos necesarios, tanto para el diseño del Bot como para el de la plataforma web que gestionara el tratamiento de la mano de los terapeutas.

Específicamente para la determinación de la funcionalidad del Bot, y puesto que este es considerado dentro de la definición de la Inteligencia Artificial, se requiere de un sustento teórico que formule y justifique algunas de las acciones que el Bot en cuestión podrá realizar, todo esto apegado a las normas ya establecidas de comunicación y de la determinación del tipo de respuestas, para ello la teoría de autómatas apoya en este sentido.

La teoría de autómatas, es una rama englobada en las ciencias de la computación la cual estudia máquinas abstractas, sus capacidades de respuesta y, además, los inconvenientes que son capaces de solucionar. Esta teoría está estrechamente relacionada con la teoría del lenguaje formal y la clasificación de los mensajes que estos pueden reconocer e interpretar para posteriormente realizar una acción finita, (Formella, 2010), acciones que el Bot deberá realizar durante todo el periodo de funcionamiento.

La teoría del lenguaje formal está ligada estrechamente a la teoría de autómatas debido a que es en ella donde se definen los lenguajes y como estos deberá ser interpretados por las maquinas, (Contreras, 2012). Esta teoría también está relacionada directamente con las matemáticas, la lógica y ciencias de la computación, sus reglas de lenguaje definen grupos de símbolos, los cuales más tarde constituirán el vocabulario de las aplicaciones propiamente dichas, estos elementos de gramática se componen de colecciones de símbolos con un significado propio y específico, muchas veces solo para el entorno en el que fueron diseñados (Formella, 2010),

Siguiendo con las teorías relacionadas al desarrollo de software en este caso el Bot, se debe tener en cuenta el impacto visual que la aplicación final tendrá en ellos usuarios, debido a que una buena selección y distribución de los colores, evita la fatiga visual cunado se use la aplicación, aquí interviene la teoría de los colores, descrita ya desde años atrás por algunos personajes como por ejemplo Johann Wolfgang von Goethe, el cual propone mezclas específicas que combinadas de forma correcta producen diversas sensaciones que se traducen en el cerebro humano como pueden ser de aceptación o rechazo (Miranda Castellón, 2016).

Al usar estas combinaciones se puede predeterminar si el uso de cierta combinación será evaluada con un grado alto o bajo de aceptación, estas condiciones pueden ser aplicadas al desarrollo de páginas web, aplicaciones para dispositivos móviles y en general de cualquier software que incluya interfaces gráficas como parte de sus componentes, la colorimetría es parte importante debido a los efectos que tiene en el cerebro humano ya sean positivos o negativos (Arias y Vela, 2015).

La segunda parte del enfoque teórico como ya se mencionó, se deriva de la necesidad de medir los resultados obtenidos de acuerdo a la opinión de los usuarios finales del Bot, en este caso pacientes y terapeutas, por medio de algunos instrumentos para posteriormente interpretar sus resultados, esto se detallará más adelante en el Capítulo III del presente trabajo, continuando con el tema de las pruebas es necesario implementar metodologías afines con la evaluación de las aplicaciones para dispositivos móviles.

Para cumplir con la satisfacción que buscan los usuarios finales al utilizar la aplicación se deberán aplicar algunas pruebas que aseguren la calidad del software, existen infinidad de pruebas para los proyectos de software las cuales pueden ser de dos tipos; las no funcionales permite conocer los riesgos a los que está expuesta la aplicación así como el rendimiento promedio en ejecución, y funcionales las cuales se centran principalmente en la ejecución retroalimentando su comportamiento, además comprueban que realmente realicen las tareas para las que fueron diseñadas (Solís et al., 2014).

Existen además pruebas más específicas diseñadas para aplicaciones comunes de software que se pueden adaptar con ciertas modificaciones a aplicaciones para dispositivos móviles, como, por ejemplo;

- Pruebas de unidad: esta prueba se centra en las funciones básicas de la aplicación y como esta responde ante distintos escenarios.

- Prueba de integración: esta prueba verifica la integridad de la información al pasar por varios módulos.

- Prueba del sistema: verifica que cada elemento encaja de forma adecuada y que se alcanza la funcionalidad y el rendimiento del sistema total. La prueba del sistema está constituida por una serie de pruebas diferentes cuyo propósito primordial es ejercitar

- Prueba de validación: en base a comparaciones y la introducción de distintos valores, esta comprobación asegura que los resultados son los esperados luego de algún calculo o proceso interno.

- Prueba de recuperación: se genera de forma premeditada algún fallo o quiebre en el sistema para verificar su capacidad de respuesta y recuperación.

- Prueba de seguridad: esta prueba verifica los mecanismos de protección establecidos en la funcionalidad de la aplicación.

- Prueba de resistencia: se somete la aplicación a procesos excesivos para verificar su respuesta, conocida también como prueba de estrés.

- Prueba de rendimiento: se comprueba el rendimiento del producto final en tiempo de ejecución.

- Prueba de instalación: se realiza la instalación en distintos dispositivos con distintas configuraciones para asegurar la compatibilidad.

- Pruebas de regresión: son pruebas que se realizan luego de algún cambio menor y se comparan con los resultados de pruebas realizadas antes de la momificación (Maida y Pacienzia, 2015).

En este contexto, Pressman (2020), cataloga ciertas pruebas especializadas diseñadas para aplicaciones no convencionales, como el las llama, en este caso el Bot al no encajar por completo como una aplicación convencional (Aplicación de escritorio), ni como una aplicación web, es más bien parecida a una aplicación móvil, pero no del todo, en cambio está catalogada como no convencional, por consiguiente, el autor propone las siguientes pruebas:

- Pruebas de interfaces gráficas de usuario. Este tipo de componentes se han vuelto más reutilizados a lo largo de una aplicación es común que presenten errores de consistencia al arrastras opciones de una platilla predefinida, por lo tanto, se deberán verificar para comprobar que exista concordancia con la función a la que hacen referencia
- Prueba de arquitecturas cliente-servidor: Este tipo de pruebas es esencial en aplicaciones no convencionales como los Bots, debido a que gran parte de su funcionamiento depende de servicios y plataformas en la red, las pruebas de conexión son esenciales para verificar parámetros y configuraciones de conexión.
- Prueba para sistemas de tiempo real: se implementa a la par de la prueba anterior, verificando tiempos de respuesta y posibles retrasos, transmisiones asíncronas y caídas de la red (Pressman, 2010).

CAPITULO III METODOLOGÍA

Para Caballero (2014), la metodología es la "ciencia cuya especialidad o campo de estudio son las orientaciones racionales que requerimos para resolver problemas nuevos, y para adquirir o descubrir nuevos conocimientos a partir de los provisoriamente establecidos y sistematizados por la humanidad" (p 78). en cambio, para Hernández-Sampieri et al., (2018), la metodología además es una reflexión acerca de los métodos y técnicas, los cuales ayudarán al investigador a alcanzar los objetivos del estudio,

En otras palabras, la metodología se forma a partir de un plan principal constituido por la descripción de las unidades de análisis, las técnicas de observación de fenómenos, recolección y administración de datos, los instrumentos y medio de recolección de información, los procedimientos y las técnicas de análisis de datos (Baena Paz, 2017), en otras palabras forma el esqueleto general de la investigación que servirá posteriormente para articular todas las partes del estudio, utilizando la metodología adecuada, podrán llegarse a cumplir los objetivos de forma satisfactoria.

En esta sección se plasman y describen los procesos de diseño principal de la investigación, enfoque, alcance, los paradigmas utilizados en su ejecución, su metodología y las herramientas utilizadas en la recolección de datos, así como las técnicas de validación de los instrumentos y la elaboración de cuestionarios.

3.1 Enfoque de la investigación

La ruta cuantitativa, como es llamada por Hernández-Sampieri et al., (2018), es adecuada cuando se quieren medir de forma apropiada fenómenos, o cuando se quiere estimar dimensiones y al mismo tiempo probar hipótesis, en otro trabajo Hernández-Sampieri y Mendoza Torres (2018), argumentan que el enfoque cuantitativo se basifica en un esquema deductivo y lógico que busca formular preguntas de investigación e hipótesis para posteriormente probarlas.

En este documento, se aborda una investigación de tipo aplicada mediante un enfoque cuantitativo, por ser la que se alinea con más concordancia a los objetivos de la investigación, es decir al uso del Bot y sus efectos o incidencias que tiene en relación al tratamiento del tabaquismo, a partir de los resultados obtenidos por medio de técnicas de recolección como el cuestionario o la encuesta se contrasta la hipótesis propuesta para determinar o no su validez.

3.2 Alcance de la investigación (nivel investigativo)

El estudio del presente documento se considera principalmente del tipo exploratorio debido a que puede sentar las bases para estudios posteriores del tipo descriptivo, correlacionales o explicativos, aunado a esto los estudios exploratorios según Hernández-Sampieri et al., (2018), investigan fenómenos o temas poco o nulamente estudiados, de los cuales no se tiene el sustento teórico completo, se tienen dudas sobre sus alcances o no se han abordado en el contexto en el que aparecen, además Identifican conceptos con variables e hipótesis con resultados posiblemente inesperados, en si preparan el terreno para estudios más amplios, elaborados y profundos.

Otro reconocido autor, Caballero (2014), argumenta que el nivel más elemental de los tipos de investigación es la exploratoria, el tipo de análisis más común el cualitativo, pero pueden hacer referencias y darles un enfoque a datos con precisiones cuantitativas.

Como menciona Hernández-Sampieri et al., (2018), una investigación puede identificarse como exploratoria, descriptiva, correlacional o explicativa, pero no estrictamente definirse en una categoría, por lo que algunas veces puede pertenecer en cierto sentido a una, dos o más categorías de estudio.

Por la tanto el presente trabajo también se considera correlacional debido a que su tipo de análisis es predominantemente cuantitativo, utilizando interpretaciones cualitativas, estimando una relación de una variable y su comportamiento con el efecto y comportamiento de las otras (Caballero, 2014), en otras palabras, este tipo de estudios tiene como objetivo principal investigar la relación existente entre dos o más variables hablando de un contexto previo establecido, y si esta relación resulta positiva o negativa se le dará la interpretación correspondiente.

3.3 Diseño de la investigación

El diseño de la investigación hace referencia a los métodos y técnicas seleccionadas por los investigadores (Hernández-Sampieri et al., 2018), los cuales al utilizarlos de manera lógica abordaran el problema de investigación de un amanera más eficiente, esta parte de la investigación se conforma de una serie de pasos sobre el ¿Cómo? Llevar la investigación y como prepararla, para Hernández-Sampieri et al., (2018), existe dos categorías en el diseño, el experimental y el no experimental.

En el presente estudio se abordan dos tipos de diseño el primero dentro de los catalogados como experimentales, denominado pre experimental, del tipo estudio de caso de una sola medición, en el segundo interviene otro del tipo no experimental nombrado Transversal del tipo Exploratorio, categorizados como se muestra en la tabla 1.

Tabla 1 *Diseños implementados en la presente investigación*

Diseños Cuantitativos	Grupo	Sub grupo
Experimental	Pre experimental	Estudio de caso con una sola medición
No experimental	Transversal	Exploratorio

Nota. Elaboración propia.

Para Arias González y Covinos Gallardo (2021), como puntos negativos, el pre experimento no tiene valor científico y no permite garantizar la causalidad, pero en contraparte permite resolver problemas situacionales, además los autores consideran que un pre experimento debe contener las siguientes características: son grupos conformados con anterioridad, solo existe un grupo experimental, se puede aplicar un pre test y post test, se pueden realizar mediciones en no más de dos tiempos diferentes.

Para realizar las mediciones, Arias González y Covinos Gallardo (2021) identifican dos escenarios, el primero se aplica a los estudios de un grupo con una sola medición, se realiza la medición luego de aplicar el tratamiento en lapsos diferentes. El segundo se aplica a los estudios de un grupo con dos mediciones, una antes y otra después del tratamiento, este se realiza en tres lapsos diferentes de tiempo.

En el presente estudio se utiliza el escenario uno, denominado por Hernández-Sampieri et al., (2018) como "estudio de caso con una sola medición", el cual consiste en proporcionar un tratamiento a un grupo, para después aplicar la medición correspondiente de una o varias variables, además argumenta que este tipo de diseño no cumple con los requisitos de un experimento puro. En la tabla 2 se representa el diseño y la asignación de actividades:

Tabla 2 *Esquema de diseño de grupo experimental único con medida post-tratamiento, sin medida pre-tratamiento*

Grupos	Sujetos	Medida pre-tratamiento	Tratamiento experimental	Medida post-tratamiento
1	N	No aplica	Y	X2

Nota. Elaboración propia.

El segundo diseño asociado a la presente investigación tiene que ver con los métodos no experimentales en su tipo transversales o transeccionales y a su vez categorizados como exploratorios. Según Arias González y Covinos Gallardo (2021), los diseños transversales recopilan datos en un solo momento y solo una vez.

Para Hernández-Sampieri et al., (2018), en el diseño transversal se hace referencia a tomar una fotografía de algo que sucede, este tipo de estudios puede luego tener alcances exploratorios, descriptivos y correlaciones, de esta forma se respalda el alcance de tipo correlacional mencionado en la sección anterior, además hablando del sub grupo denominado exploratorio, estos tienen como propósito principal iniciar con el estudio de variables seleccionadas en un momento específico.

Para cumplir con el propósito general de los diseños transeccionales o transversales estos tienen que cumplir las siguientes características:

1. Describir variables en un grupo o, determinar cuál es el nivel de las variables en un momento dado.
2. Evaluar una situación, comunidad, evento, fenómeno o contexto en un punto del tiempo.

3. Analizar la incidencia de determinadas variables, su interrelación dentro de
   un momento determinado.

3.4 Variables y su operacionalización.

Para Arias Gonzales y Covinos Gallardo (2021), las variables son aquello que se estudiara, medirá, controlara o manipulara, además estarán incluidas en el título de la investigación, en el objetivo general, en el problema general y en la hipótesis general, en cambio la autora Baena Paz (2017), expresa que las variables son instrumentos de análisis que conforman las categorías a un nivel manifiesto de la realidad clasificándolas en variables independientes y dependientes. Entre otras definiciones, las variables son elementos que interactúan como causas y efectos dentro del proceso de investigación y forman parte integral de la composición de los experimentos (C. E. E. E. Freire, 2018).

Reciben el nombre de variable independiente (x) la característica o propiedad que se supone "la causa" del fenómeno estudiado que no se puede controlar y la dependiente (y) aquella cuyas modalidades o valores están en relación con los cambios de la variable independiente, es decir "el efecto" y que a su vez sí es factible de controlarse científicamente (Baena Paz, 2017), para Hernández-Sampieri et al., (2018), el concepto de variable se aplica a personas, seres vivos, objetos, hechos y fenómenos, los cuales toman diversos valores respecto a la variable referida.

A continuación, se presentan las variables involucradas en el presente estudio:

y. Índice de reducción de consumo, asociada y expresada a través de la efectividad en los procesos de gestión del tratamiento. Dependiente - efecto

x. Bot para dispositivos móviles. Independiente - causa

Como se puede observar "y" depende de los efectos o cambios que puedan presentarse con la implementación de "x", en la tabla 4 se observa la matriz de operacionalización de variables, sus dimensiones e indicadores, así como el número de ítems de cada variable.

La operacionalización de variables se utiliza cuando se requiere definir o conceptualiza una variable, en el proceso pasara de ser un concepto abstracto a uno que se pueda cuantificar, definiendo por ende sus dimensiones o valores que puede tomar, con el fin de recuperar fácilmente la información (C. E. E. E. Freire, 2018). A modo de complemento, Arias González y Covinos Gallardo (2021), sustentan que "la operacionalización de variables es un proceso que se presenta solamente en el enfoque cuantitativo debido a que las variables deben ser susceptibles a ser observadas y medidas" (p. 60).

La operacionalización permitirá la traducción de la variable teórica en propiedades medibles y observables, de lo general a lo particular (Medina Martínez,

2015). Medina (2015), define operacionalización, como el proceso mediante el cual se transforma una variable teórica compuesta en variables empíricas más fáciles de interpretar y medir. Para el autor operacionalizar significa identificar cuál es la variable, sus dimensiones y sus indicadores, incluyendo también su definición conceptual y operacional, estos términos abordaran en párrafos siguientes.

Regresando a la definición conceptual, también llamada definición constitutiva, para Hernández-Sampieri et al., (2018), es aquella que define una variable en el contexto de la investigación, esta definición deberá estar validada por la comunidad científica y emergida de la revisión literaria. Arias Gonzales y Covinos Gallardo (2021), concuerdan que la definición conceptual esta englobada en el contexto de la investigación y que además se toma en cuenta desde la población y el espacio donde se desempeña, argumentan también que esta definición debe ser diferente a la establecida en el marco teórico.

La definición operacional, trata de un de conjunto de actividades que se realizan después del análisis teórico y práctico de las variables. Esto se realiza con el fin de establecer de qué forma se van a medir las variables, dicho de otra forma, la definición operacional permite conocer que instrumento o herramienta se debe utilizar para obtener resultados claros y verídicos de la variable (Arias Gonzáles y Covinos Gallardo, 2021).

En la tabla 3, se presentan las definiciones conceptuales de las variables involucradas en la presente investigación, las cuales fueron desarrolladas a partir de la opinión de los autores citados en el presente documento y que hacen referencias al tema en cuestión.

Tabla 3 *Definiciones Conceptuales de las variables*

Variables	Definición Conceptual
Reducción de Consumo	Procedimientos preventivos y correctivos para erradicar o reducir el consumo de tabaco en las personas catalogadas con un problema de tabaquismo.
Bot para dispositivos móviles	Un Bot es un programa de software programado para realizar tareas repetitivas y fijas, además interactúa con seres humanos a través de comandos de texto.

Nota. Elaboración propia.

Las dimensiones se definen como las características subdivididas de la variable, (E. E. E. Freire, 2019), las dimensiones se plantean tomando en consideración el contexto de la investigación, así como en la definición conceptual de la variable (Arias Gonzáles y Covinos Gallardo, 2021).

Los indicadores son las propiedades de la variable sujeta a ser medida (E. E. E. Freire, 2019), en otras palabras, son elementos determinados dentro de las dimensiones y expresan la realidad medible de la variable (Baena Paz, 2017).

Tabla 4 *Matriz de operacionalización de variables*

Variables	Dimensiones	Indicadores	Escala	Ítems
Reducción de Consumo	Tratamiento	Administración del tiempo	Ordinal	9
		Avance general		
		Reducción de consumo por día		
	Terapia	Terapias éxito		
		Terapias cero		
	Manejo de Bitácoras	Llenado de bitácoras		
		Extravió de bitácoras		
Bot para dispositivos móviles	Operación	Instalación del programa	Ordinal	13
		Búsqueda de contactos		
		Apariencia de la interfaz grafica		
		Periodicidad de la información recibida		
		Tiempo de respuesta		
		Claridad de la información		
	Desempeño	Facilidad de uso		
		Consumo de datos		
		Velocidad de ejecución		

Información	Ayuda dentro del Bot
	Tips recibidos

3.5 Planteamiento de hipótesis.

Para Baena Paz (2017), operacionalmente la hipótesis es una respuesta tentativa a la pregunta de investigación, en este sentido una hipótesis podría considerarse como una proposición provisional, es decir un presunto que debe verificarse, otros autores como Hernández-Sampieri et al., (2018), consideran que "las hipótesis indican lo que tratamos de probar y se definen como explicaciones tentativas del fenómeno investigado" (p. 104).

En otra aportación, las hipótesis se explican de forma tentativa del problema de investigación redactadas como afirmaciones las cuales, posteriormente sustentan la línea de estudio (Hernández-Sampieri y Mendoza Torres, 2018). Al formular las hipótesis pueden seguirse los siguientes lineamentos a modo verificación para comprobar que estén redactadas de forma correcta:

- Deben plantearse como afirmación especifica.
- Su concepto debe ser claro.
- Que puedan ser comprobadas utilizando instrumentos.
- Debe ser específica en escenarios palpables y con una limitación lógica.
- Deben poder probarse con técnicas de investigación. (Baena Paz, 2017).

Siguiendo las consideraciones anteriores a continuación de enuncian las hipótesis de la presente investigación conocidas como hipótesis de investigación o hipótesis de trabajo, haciendo referencia que la eficacia en el tratamiento estará directamente relacionada a los procesos asociados al tratamiento contra el tabaquismo:

HG. El uso de un Bot de Telegram aumenta el impacto en la gestión de los pacientes en tratamiento con tabaquismo.

Como complemento adicional se pueden describir también las hipótesis nulas, las cuales son la parte opuesta a las hipótesis de investigación o de trabajo, se utilizan para negar la afirmación de las hipótesis de investigación, siguiendo con esta lógica, pueden existir tantas variables nulas como de investigación (Hernández-Sampieri et al., 2018), en este sentido las hipótesis nulas del presente trabajo se establecen de la siguiente forma:

Ho. El uso de un Bot de Telegram no aumenta el impacto en la gestión del tratamiento contra el tabaquismo.

A la serie de hipótesis anteriores se puede agregar también las llamadas hipótesis alternativas, las cuales son escenarios alternativos a los expuestos por las hipótesis de investigación y las hipótesis nulas, ofreciendo explicaciones diferentes a las postuladas. Las hipótesis alternativas se pueden formular cuando realmente existan otras posibilidades, si no es así no deberían establecerse (Hernández-Sampieri y Mendoza Torres, 2018). Como hipótesis alternativas del presente trabajo se establecen las siguientes:

Ha. El uso de un Bot de Telegram aumenta parcialmente el impacto en la gestión del tratamiento contra el tabaquismo.

Ha1. El uso de un Bot para dispositivos móviles permite evaluar de forma semiautomatizada la viabilidad de los pacientes para verificar si son aptos para llevar el tratamiento contra el tabaquismo.

Ha2. El índice de aceptación del uso de un Bot para dispositivos móviles para la gestión del tratamiento contra el tabaquismo es significativamente aceptable.

Ha3. El nivel de eficacia en el tratamiento contra el tabaquismo se reduce significativamente con la integración de un Bot para dispositivos móviles.

Ha4. El índice de aceptación del uso de una plataforma web para la gestión del tratamiento contra el tabaquismo es significativamente aceptable.

3.6 Población

Para darle sentido al estudio del presente trabajo se requiere de un grupo denominado población, con el cual mediante ciertos procedimientos se obtiene la información la cual se procesará más adelante, Hernández-Sampieri et al., (2018), la define como; "conjunto de todos los casos que concuerdan con determinadas especificaciones" (p. 199), estas especificaciones serán una guía de selección de posibles candidatos, para Arias González y Covinos Gallardo (2021), población se refiere a "la población es la totalidad de elementos del estudio, es delimitado por el investigador según la definición que se formule en el estudio" (p. 113), así mismo argumenta que la palabra población en términos de la metodología de la investigación es sinónimo de universo.

3.7 Muestra

La muestra representa al conjunto de personas, individuos o cosas que fueron seleccionadas para realizar un estudio, para el presente trabajo se realizó una muestra de tipo no probabilística también llamadas dirigidas. Una muestra no probabilística es una selección que no está sujeta a la probabilidad, sino a las características y contexto de la investigación, argumentadas y respaldadas por el investigador, las muestras seleccionadas cumplen además otros criterios (Hernández-Sampieri y Mendoza Torres, 2018), la muestra objeto de estudio del presente trabajo reunió los criterios establecidos en el cuestionario "motivos de consumo de tabaco", ver anexo 1.

Del tipo de muestra no probabilística se utilizó el sub tipo muestreo por cuotas, caracterizado por seleccionar sujetos que comparten características comunes dentro de grupo de la población o universo (Arias Gonzáles y Covinos Gallardo, 2021). A continuación, se mencionan los criterios de inclusión que se tomaron en cuenta:

- Ser mayor de 18 años.
- Aceptar de forma voluntaria participar en el tratamiento de acuerdo a las normativas propias del Centro de Integración Juvenil.
- Que hayan aplicado el cuestionario "Motivos de consumo de tabaco", obteniendo una calificación determinada como válida por parte del personal médico, con el cual se considera que un paciente es apto para llevar el tratamiento.
- Contar o tener acceso a un dispositivo móvil inteligente con alguno de los siguientes sistemas operativos; Android o IOS, dicho dispositivo deberá tener conexión a internet cuando se desee realizar alguna operación relacionada con el tratamiento.

Los criterios de exclusión, para determinar que sujetos no cumplen con las características definidas por el investigador son las siguientes:

- Que hayan aplicado el cuestionario "Motivos de consumo de tabaco", obteniendo una calificación determinada como no valida por parte del personal médico, con el cual se considera que un paciente no es apto para llevar el tratamiento.

* Participantes que no cuenten o no tengan acceso a un dispositivo móvil inteligente con sistemas operativos Android o IOS.

* No ser mayor de 18 años.

* No aceptar de forma voluntaria llevar el tratamiento

3.8 Recolección de datos

Recolectar los datos significa aplicar uno o varios instrumentos de medición para recabar la información pertinente de las variables del estudio en la muestra o casos seleccionados (personas, grupos, organizaciones, procesos, eventos, etc.). Los datos obtenidos son la base del análisis. Sin datos no hay investigación. Pero, para haber llegado a esta etapa en la ruta cuantitativa, antes se debió haber establecido y definido con precisión y claridad las hipótesis del estudio y las variables, tanto conceptual como operacionalmente. Asimismo, en la revisión de la bibliografía, se tuvo que haber detectado instrumentos o formas para medir o evaluar las variables planteadas (Hernández-Sampieri y Mendoza Torres, 2018).

3.8.1 Técnica de recolección de datos

La encuesta es una herramienta que se lleva a cabo mediante un instrumento llamado cuestionario que se detallara en párrafos posteriores, se considera dentro de la categoría de las técnicas de recolección de datos, está enfocada a personas y recolecta datos relacionados a sus opiniones, comportamientos o percepciones de la realidad. La encuesta tiene resultados cuantitativos o cualitativos y se compone de preguntas en orden lógico establecidas por los investigadores (Arias Gonzáles y Covinos Gallardo, 2021).

Con la encuesta se obtienen en su mayoría datos numéricos, es una técnica usada con bastante regularidad en investigaciones sociales y al pasar del tiempo en investigaciones científicas. Se considera que toda persona ha participado o participara en una encuesta en alguna parte de su vida (López-Roldán y Fachelli, 2015).

En el presente trabajo investigativo se empleó la técnica de la encuesta para recabar los datos generados por pacientes y terapeutas por medio de cuatro cuestionarios diseñados y adaptados con la ayuda de profesionales en el área de adicciones del Centro de integración Juvenil Zacatecas, dichos cuestionarios fueron analizados por medio del Alfa de Cronbach para verificar su validez.

3.8.2 Instrumento de recolección de datos

El cuestionario es tal vez el instrumento más utilizado para la recolección de datos, un cuestionario consiste en un conjunto de preguntas referentes a una o varias variables (Bourke et al., 2016). Es el instrumento por excelencia en las técnicas de interrogación, es importante considerar la redacción y posición de las preguntas seleccionadas dentro del cuestionario (Baena Paz, 2017).

En la presenta tesis se utilizaron en total cuatro instrumentos del tipo cuestionario para recopilar los datos asociados a esta investigación, dichos cuestionarios se diseñaron, avalaron y validaron para garantizar su confiabilidad, los cuales fueron nombrados de la siguiente manera y que además están disponibles en la sección de Anexos de este documento;

a) Cuestionario de motivos de consumo de tabaco
b) Cuestionario de usabilidad del Bot
c) Eficacia del tratamiento
d) Usabilidad de la plataforma web

Los cuestionarios utilizados en la presente investigación se consideran autoadministrados, por haber sido proporcionados directamente a los participantes, además de ser cuestionario cerrados ya que deben responder respuestas previamente establecidas y politómico por tener tres o más alternativas (Arias Gonzáles y Covinos Gallardo, 2021).

3.8.3 Escalamiento

En el uso de cuestionarios, se implementan diversos tipos de preguntas, como, por ejemplo; directas, cerradas, semicerradas o abiertas. En los cuestionarios implementados en el presente estudio se utilizan en su totalidad preguntas cerradas, por lo que la mejor conveniencia es utilizar una escala que mida las actitudes de las personas. La medición de actitudes se utiliza en diversos campos susceptibles a investigar debido a que son útiles para medir percepciones de diversas cualidades.

Las actitudes se relacionan con la percepción personal de cada individuo y está influenciada por conocimiento o experiencias previas, uno de los métodos más conocidos para medir por escalas las variables que constituyen actitudes son: el método de escalamiento de Likert, el diferencial semántico y la escala de Guttman (Hernández-Sampieri y Mendoza Torres, 2018).

El método de escalamiento Likert, utilizado en la presente investigación, fue desarrollado por Rensis Likert en 1932, se considera un método popular y vigente hoy en día, consiste en un conjunto de ítems o preguntas diseñados para captar la percepción de los participantes, ante los cuales se pide la reacción de los participantes. Es decir, se presenta cada afirmación al sujeto y se le solicita que externe su reacción eligiendo uno de los cinco puntos o categorías de la escala. A cada opción se le asigna un valor numérico y al final se obtiene la puntación total realizando las sumas correspondientes (Hernández-Sampieri y Mendoza Torres, 2018).

En otras palabras, este método implementa una escala de calificación que se utiliza para cuestionar a una persona sobre su nivel de acuerdo o desacuerdo de una determinada situación, conociendo con ello el grado de conformidad o inconformidad (González Alonso y Pazmiño Santacruz, 2015).

Los sujetos responden específicamente en base a su nivel de acuerdo o desacuerdo, las escalas de frecuencia Likert utilizan formato de respuestas fijas y cerradas que son utilizados para medir actitudes y opiniones. Estas escalas permiten determinar el nivel de acuerdo o desacuerdo de los encuestados (Matas, 2018).

Las respuestas pueden contener distintos niveles de medición como por ejemplo de 5, 7 y 9 elementos, determinada como escala impar, o 4, 6 y 8 elementos determinada como escala par.

Las escalas con números impares ofrecen una opción de opinión neutral a los participantes, las escalas con números pares permiten decantar hacia las respuestas positivas o hacia las negativas sin existir un punto medio de selección, para los cuestionarios utilizados en la presente investigación se decidió utilizar un conjunto de respuestas pares, para obligar al encuestado a seleccionar opción de acuerdo o de desacuerdo en lugar de tomar una posición neutral, en la tabla 5 se muestra como ejemplo el diseño de una de las preguntas del cuestionario "Motivos de consumo de tabaco":

Tabla 5 *Ejemplo de diseño de una pregunta utilizando el método de escalamiento Likert*

Pregunta	Posibles respuestas	Valor asignado
	Nunca	1
	Rara vez	2
Siento que fumar me da tranquilidad	Ocasionalmente	3
	Seguido	4
	Frecuentemente	5
	Siempre	6

Nota. Elaboración propia.

3.8.4 Determinación de la fiabilidad del instrumento

Existen numerosos procedimientos para calcular la confiabilidad o fiabilidad de un instrumento de medición, la mayoría emplea fórmulas que determinan un coeficiente de confiabilidad expresada en valores que van de cero a uno, donde cero significa una confiabilidad nula y uno representa el máximo de confiabilidad, entre más cercano se acerque el valor a cero, el error en la medición será mayor.

Hernández-Sampieri et al., (2018), considera que los procedimientos más utilizados para determinar la fiabilidad de un instrumento son los siguientes: a) medida de estabilidad (confiabilidad por test-retest), b) método de formas alternativas o paralelas, c) método de mitades partidas (split-halves) y d) medidas de consistencia interna. Algunos autores consideran que coeficientes de confiabilidad por encima de 95% pueden implicar redundancia de ítems o reactivos (Hernández-Sampieri y Mendoza Torres, 2018).

En este caso el método de medidas de consistencia interna fue el que se seleccionó para validar los instrumentes del presente estudio, a través del coeficiente alfa Cronbach.

Los cuestionarios utilizados en este trabajo se validaron mediante la técnica del Alfa de Cronbach bajo el programa de análisis estadístico SPSS, el cual trabaja por medio de medidas de consistencia interna, la cual permite estimar la fiabilidad de un instrumento de medida a través de un conjunto de ítems que se espera que midan el mismo constructo o dimensión teórica. El coeficiente medido por medio del alfa de Cronbach, da por hecho que los ítems implementando una escala de Likert, miden un mismo constructo y que están altamente correlacionados (Frías-Navarro, 2022).

Como criterio general, Gliem y Gliem (2003), sugieren las recomendaciones siguientes para evaluar los coeficientes de alfa de Cronbach:

- Coeficiente alfa >.9 es excelente
- Coeficiente alfa >.8 es bueno
- Coeficiente alfa >.7 es aceptable

- Coeficiente alfa >.6 es cuestionable

- Coeficiente alfa >.5 es pobre

- Coeficiente alfa <.5 es inaceptable

3.8.4.1 Resultados de confiabilidad de los instrumentos utilizados.

La confiabilidad o fiabilidad de un instrumento de medición utilizado en la investigación, hace referencia al grado en que su aplicación repetitiva conduce a resultados iguales (Hernández et al., 2016), la confiabilidad o fiabilidad, se refiere a la consistencia o estabilidad de una medida. Una definición técnica de confiabilidad que ayuda a resolver tanto problemas teóricos como prácticos es aquella que parte de la investigación de qué tanto error de medición existe en un instrumento de medición, considerando tanto la varianza sistemática como la varianza por el azar (Fred y Howard, 2002).

Partiendo de lo anterior, a continuación, se muestran los resultados obtenidos referentes a la confiabilidad de los instrumentos, calculados por medio del programa estadístico SPSS.

3.8.4.2 Análisis del cuestionario "Motivos de consumo de tabaco"

Para el cuestionario 1 denominado "Motivos de consumo de tabaco" (véase anexo 1), se obtuvieron los siguientes resultados al efectuar el análisis del alfa de Cronbach, y además se tomaron en cuenta los 60 registros sin excluir ninguno, cabe recordar que el presente cuestionario fue utilizado para determinar si un paciente es apto para llevar el tratamiento contra el tabaquismo, la tabla 6 hace referencia al número de casos involucrados en este caso 60, también hace referencia a que ningún elemento fue excluido del análisis.

Tabla 6 *Resumen de procesamiento de casos del cuestionario "Motivos de Consumo de Tabaco"*

		N	%
Casos	Válido	60	100.0
	Excluido a	0	.0
	Total	60	100.0

a. La eliminación por lista se basa en todas las variables del procedimiento.

Nota. Elaboración propia.

Tabla 7 *Alfa de Cronbach del cuestionario "Motivos de consumo de tabaco"*

Estadísticas de fiabilidad	
Alfa de Cronbach	N de elementos
.885	60

Nota. Elaboración propia.

Tomando en cuenta los valores obtenidos en la tabla 7, el valor mínimo aceptable para el coeficiente alfa de Cronbach es 0.70, un valor menor representa una consistencia interna baja. Por otro lado, un valor ideal sería de 0.90, un valor mayor se considera con redundancias o duplicaciones (Oviedo y Campo-Arias, 2005).

Como se puede observar en la tabla 8, todas las preguntas tienen un Alfa de Cronbach individual superior a 0.8 y cercano a 0.9, lo cual indica que todas las preguntas son fiables y, además, la eliminación de una pregunta del cuestionario no afectaría la fiabilidad final del mismo.

Tabla 8 *Estadísticas sobre supresión de elementos del cuestionario "Motivos de consumo de tabaco"*

	Estadísticas de total de elemento			
	Media de escala si el elemento se ha suprimido	Varianza de escala si el elemento se ha suprimido	Correlación total de elementos corregida	Alfa de Cronbach si el elemento se ha suprimido
Pregunta1	85.1667	350.209	.538	.879
Pregunta2	84.2500	343.614	.539	.879
Pregunta3	84.6500	340.875	.636	.877
Pregunta4	84.9833	349.271	.566	.879
Pregunta5	84.7000	346.383	.493	.880
Pregunta6	84.0167	341.678	.604	.877
Pregunta7	84.4833	330.830	.731	.874
Pregunta8	84.9833	364.898	.228	.884
Pregunta9	84.4833	364.051	.247	.884
Pregunta10	84.4500	355.947	.520	.880
Pregunta11	84.6000	352.346	.370	.882
Pregunta12	85.1500	370.469	.044	.888
Pregunta13	85.2000	364.366	.176	.886
Pregunta14	84.9667	351.660	.503	.880
Pregunta15	84.7000	349.366	.452	.881
Pregunta16	84.1667	340.921	.552	.878
Pregunta17	84.6500	361.282	.255	.884
Pregunta18	84.6667	354.802	.421	.881
Pregunta19	84.6000	360.312	.226	.885

Pregunta20	84.8333	356.514	.366	.882
Pregunta21	84.9333	362.673	.235	.885
Pregunta22	84.3167	356.525	.336	.883
Pregunta23	84.5667	361.707	.239	.885
Pregunta24	84.8833	359.020	.331	.883
Pregunta25	84.5167	356.051	.325	.883
Pregunta26	84.1500	356.333	.324	.883
Pregunta27	84.9833	348.084	.546	.879
Pregunta28	84.9000	362.736	.244	.884
Pregunta29	84.4500	361.031	.247	.884
Pregunta30	84.3667	360.440	.254	.884
Pregunta31	84.8500	362.435	.175	.887
Pregunta32	84.7167	348.105	.489	.880
Pregunta33	84.5000	346.695	.506	.880
Pregunta34	84.7000	340.993	.648	.877
Pregunta35	85.1333	350.897	.513	.880

Nota. Elaboración propia.

Cabe mencionar que al cuestionario anterior se le modificaron las respuestas respecto al original publicado en el documento "Tratamiento para dejar de Fumar" elaborado por Centros de Integración Juvenil página 28 (Chavez Vizuet, 2016), en el presente documento se encuentra marcado como Anexo 2.

El cuestionario original maneja solamente 3 opciones para respuestas, mientras que el utilizado en la presente investigación abarca seis opciones, dando un rango más amplio de decisión para cada paciente y eliminando la opción neutral, para obligar a los usuarios a decantarse por opiniones negativas o positivas de forma cerrada, este cambio fue recomendado por las personas que gestionaron los tratamientos y las preguntas involucradas no tuvieron cambios.

Las respuestas del cuestionario original son las siguientes:

1. Si usted "muy frecuentemente" fuma por ese motivo
2. Si usted "ocasionalmente" fuma por ese motivo
3. Si usted "nunca" fuma por ese motivo

Las utilizadas en el presente documento son:

1. Si usted "Nunca" fuma por ese motivo
2. Si usted "Rara Vez" fuma por ese motivo
3. Si usted "Ocasionalmente" fuma por ese motivo
4. Si usted "Seguido" fuma por ese motivo
5. Si usted "Frecuentemente" fuma por ese motivo
6. Si usted "Siempre" fuma por ese motivo

3.8.4.3 Análisis del cuestionario "Usabilidad del Bot"

Los resultados de fiabilidad obtenidos a partir del alfa de Cronbach del cuestionario 2 denominado "Cuestionario de Usabilidad del Bot" (Véase anexo 2), se muestran en la tabla 9, la cual muestra la fiabilidad del instrumento utilizado para medir la usabilidad del Bot, además se tomaron en cuenta los 60 registros sin excluir ninguno, cabe recordar que el presente cuestionario fue utilizado para determinar el nivel de usabilidad del Bot que se utilizó como apoyo en el tratamiento contra el tabaquismo.

Tabla 9 *Resumen de procesamiento de casos del cuestionario "Usabilidad del Bot"*

		N	%
Casos	Válido	60	100.0
	Excluido [a]	0	.0
	Total	60	100.0

a. La eliminación por lista se basa en todas las variables del procedimiento.

Nota. Elaboración propia.

Como se muestra el resultado obtenido en la Tabla 10, todas las preguntas tienen un Alfa de Cronbach superior a 0.9 y cercano a 0.95 lo cual indica que todas las preguntas son fiables, la adición o eliminación de una pregunta del cuestionario no afectaría la fiabilidad final del mismo.

Tabla 10 *Alfa de Cronbach "Cuestionario de Usabilidad del Bot"*

Estadísticas de fiabilidad	
Alfa de Cronbach	N de elementos
.952	13

Nota. Elaboración propia.

El coeficiente Alfa de Cronbach aplicado a los ítems del instrumento se calculó con el software SPSS y su resultado es de 0.952, el que según la interpretación de Oviedo y Campo (2005), existe "redundancia o duplicación", porque se encuentra en el rango 0.90-1. Por tanto, se concluye que la consistencia interna del instrumento utilizado pudiera tener algunas duplicidades en los ítems propuestos, sin afectar la viabilidad del mismo, la tabla 11 muestra las estadísticas correspondientes a cada uno de los ítems del cuestionario "Usabilidad del Bot".

Tabla 11 *Estadísticas sobre supresión de elementos*

	Estadísticas de total de elemento			
	Media de escala si el elemento se ha suprimido	Varianza de escala si el elemento se ha suprimido	Correlación total de elementos corregida	Alfa de Cronbach si el elemento se ha suprimido
Pregunta1	56.8500	217.452	.677	.950
Pregunta2	55.5833	207.603	.923	.943
Pregunta3	56.2333	211.979	.762	.948
Pregunta4	55.9500	212.353	.822	.946
Pregunta5	56.2667	213.284	.753	.948
Pregunta6	55.8833	209.630	.909	.944
Pregunta7	57.1000	218.668	.437	.961
Pregunta8	55.7500	209.852	.905	.944
Pregunta9	56.1167	212.037	.850	.946
Pregunta10	56.2833	212.817	.857	.945
Pregunta11	56.1833	212.356	.832	.946
Pregunta12	57.1333	220.287	.559	.954
Pregunta13	56.2667	214.504	.768	.948

Nota. Elaboración propia.

3.8.4.4 Análisis del cuestionario "Eficacia en el tratamiento"

Resultados obtenidos del cuestionario 3 "Eficacia en el tratamiento" (Véase anexo 3), las tablas 12 y 13 muestran el valor del alfa de Cronbach para el cuestionario utilizado para medir la eficacia del tratamiento y sus reactivos, respectivamente. Este cuestionario es el que tiene el valor más bajo de alfa de Cronbach debido a que fue resuelto exclusivamente por terapeutas quienes en su afán de mantener la privacidad de los datos de los pacientes pudieron haber sesgado las respuestas, aun así, el valor del alfa de Cronbach del cuestionario es fiable puesto que está en el rango considerado como bueno.

Tabla 12 *Alfa de Cronbach "Cuestionario eficacia en el tratamiento"*

Estadísticas de fiabilidad	
Alfa de Cronbach	N de elementos
.825	9

Nota. Elaboración propia.

Los resultados obtenidos descritos en la tabla 13 arrojaron un Alfa de Cronbach superior a 0.8, del total de elementos listados, solo tres están por debajo de 0.8 si se llegara a eliminar el elemento en cuestión, lo cual indica que la fiabilidad está en el rango de Aceptable y Bueno al entre el rango de 0.8 a 0.9 (Gliem y Gliem, 2003).

Tabla 13 *Estadísticas sobre supresión de elementos*

Estadísticas de total de elemento

	Media de escala si el elemento se ha suprimido	Varianza de escala si el elemento se ha suprimido	Correlación total de elementos corregida	Alfa de Cronbach si el elemento se ha suprimido
Pregunta1	23.2667	69.623	.605	.798
Pregunta2	22.9167	70.722	.548	.805
Pregunta3	22.9667	74.168	.361	.827
Pregunta4	23.2333	67.436	.589	.800
Pregunta5	22.7333	66.945	.591	.799
Pregunta6	23.0333	69.660	.514	.809
Pregunta7	23.2833	71.766	.556	.805
Pregunta8	23.2167	67.868	.596	.799
Pregunta9	23.4833	78.695	.414	.820

La tabla 14 hace referencia al número de casos involucrados en este caso 60, también hace referencia a que ningún elemento fue excluido del análisis.

Tabla 14 *Resumen de procesamiento de casos del cuestionario "Eficacia en el tratamiento"*

		N	%
Casos	Válido	60	100.0
	Excluido a	0	.0
	Total	60	100.0

a. La eliminación por lista se basa en todas las variables del procedimiento.

3.8.4.5 Análisis del cuestionario "Usabilidad de la plataforma Web "

Los resultados obtenidos del cuestionario 4 "Usabilidad de la plataforma Web" (Véase anexo 4), se muestran en las tablas 15 y 16, ahí se expresa el valor del alfa de Cronbach del cuestionario completo de la tendencia al eliminar un ítem, este cuestionario fue resuelto exclusivamente por terapeutas quienes en su afán de mantener la privacidad de los datos de los pacientes pudieron haber sesgado las respuestas, aun así, el valor del alfa de Cronbach del cuestionario es fiable puesto que está en el rango considerado como bueno, La tabla 15 hace referencia al número de casos involucrados en este caso 5, también hace referencia a que ningún elemento fue excluido del análisis.

Tabla 15 *Resumen de procesamiento de casos del cuestionario "Usabilidad de la plataforma Web"*

		N	%
Casos	Válido	5	100.0
	Excluido[a]	0	.0
	Total	5	100.0

a. La eliminación por lista se basa en todas las variables del procedimiento.

Nota. Elaboración propia.

La Tabla 16 muestra el valor del Alfa de Cronbach superior a 0.85 y cercano a 0.90 lo cual indica que todas las preguntas son fiables, la eliminación de una pregunta del cuestionario no afectaría la fiabilidad final del mismo.

Tabla 16 *Alfa de Cronbach "Cuestionario usabilidad de la plataforma Web"*

Estadísticas de fiabilidad	
Alfa de Cronbach	N de elementos
.908	10

Nota. Elaboración propia.

La tabla 17 muestra las estadísticas correspondientes a cada uno de los ítems del cuestionario "Usabilidad del Bot", y la medida de consistencia interna para cada una de las preguntas.

Tabla 17 *Estadísticas sobre supresión de elementos*

Estadísticas de total de elemento			
	Media de escala si el elemento se ha suprimido	Varianza de escala si el elemento se ha suprimido	Correlación total de elementos corregida	Alfa de Cronbach si el elemento se ha suprimido
Pregunta1	40.2000	68.700	.853	.886
Pregunta2	40.6000	75.800	.477	.913
Pregunta3	40.0000	80.000	.386	.915
Pregunta4	39.8000	69.200	.761	.893
Pregunta5	39.6000	81.300	.394	.913
Pregunta6	40.0000	81.500	.404	.912
Pregunta7	39.6000	72.300	.882	.887
Pregunta8	39.8000	71.700	.917	.885
Pregunta9	39.0000	72.500	.743	.894
Pregunta10	39.2000	69.200	.982	.880

Nota. Elaboración propia.

3.8.5 Determinación de la validez del instrumento

La validez determina el nivel en que un instrumento mide una o varias variables que se pretenden medir, también analiza si el instrumento realmente define el concepto de la variable por medio de sus indicadores. La validez es una característica que todo instrumento de medición debería alcanzar (Hernández-Sampieri y Mendoza Torres, 2018). En este punto la validez tendría que responder a la pregunta; ¿se está midiendo lo que cree que está midiendo?, si la respuesta es afirmativa, el instrumento que mide dicha variable es válido, (Kerlinger, 1979). Se deberá revisar además si dicha variable la han medido otros investigadores y como lo han hecho, para de esta forma seleccionar los ítems cuidadosamente.

Para validar los instrumentos utilizados en la presente investigación se utilizó el método denominado validez de constructo, el cual consiste en tomar los datos obtenidos para establecer las relaciones entre las variables objeto de estudio y así determinar la existencia de posibles constructos que sustentan el diseño de los instrumentos estos procedimientos se realizan con técnicas estadísticas multivariadas (Pulido, 2018).

Los procedimientos mencionados permiten organizar las variables y sus datos, acotándolos y presentándolos en una estructura visual más accesible, el método utilizado para la determinación del número de factores y la naturaleza de un grupo de constructos subyacentes en relación a un conjunto de mediciones referentes a un grupo de variables se le conoce como análisis factorial exploratorio.

Para realizar un análisis factorial, se cuenta con diversas pruebas entre las que destacan; determinante de la matriz de correlaciones, esfericidad de Bartlett, el índice Kaiser Meyer y Olkin (KMO). Dicho esto, algunos autores sugieren realizar al menos dos de las pruebas anteriores, para determinar si alguna de ellas muestra algún grado de correlación y considerar que tiene sentido realizar el análisis (Martínez y Sepúlveda, 2012).

En este estudio se determinó utilizar las pruebas de Esfericidad de Bartlett y la prueba de Kaiser-Meyer-Olkin (KMO) para determinar la validez de los instrumentos utilizados. La prueba de Esfericidad de Bartlett determina por medio de valores altos de x2 (chi-cuadrado) su valor de significancia, esto implica la existencia de correlaciones altas, esta prueba es significativa si los valores obtenidos son menores a 0.000 o en su defecto 0.050 o 0.010, con un nivel de confianza del 95% y del 99%, respectivamente (Crismán-Pérez y Núñez-Vázquez, 2015).

La prueba KMO, es una medida de la idoneidad de los datos para el análisis factorial. La prueba mide la adaptación del muestreo para cada variable, la estadística utilizada es una medida de la proporción de varianza entre variables que podrían compartir una varianza. El valor obtenido por medio de la prueba KMO puede variar entre 0 y 1, la obtención de un valor cercano a cero no apoya ni soporta el análisis factorial, valores por debajo de 0.70 se consideran desfavorables, mientras que valores entre 0,70 a 0,79 se consideran regulares, entre 0.80 a 0.89 se consideran meritorios, y de 0.90 a 1 maravillosos (Caballo Trebol, 2013).

Otros autores admiten y consideran valores entre 0.6 y 0.69 como los valores mínimos aceptables de KMO, valores inferiores a 0.6 indican que el muestreo no es adecuado y que se deben tomar medidas correctivas (Vogt y Johnson, 2015). Otros tantos consideran que valor mínimo para KMO pudiera quedar en 0.5, y determinan que cada investigador debe aplicar su propio juicio si se encuentra con este rango de valores (Suárez, 2007).

3.8.5.1 Resultados de la validez de los instrumentos utilizados.

Siguiendo las recomendaciones del apartado anterior se realizó la validez de los instrumentos por medio del programa estadístico SPSS mediante un análisis de dimensiones, las cuales son descritas a continuación; para el cuestionario de "Motivos de consumo de tabaco" se determinaron las siguientes dimensiones; sensación, apreciación, instinto, conducta. Para el cuestionario de "Usabilidad del Bot" se consideraron las siguientes; operación, desempeño e información. Para el cuestionario "Eficacia del tratamiento" se identificaron las siguientes; tratamiento, terapia, manejo de bitácoras y, por último, para el cuestionario "Usabilidad de la plataforma Web" se seleccionaron las siguientes dimensiones; interfaz, funcionalidad, desempeño.

Para el cuestionario "Usabilidad de la plataforma Web", las medidas de Kaiser-Meyer-Olkin (KMO) arrojaron un valor de 0.574 considerado como un valor mínimo aceptable y la prueba de esfericidad de Bartlett en su nivel de significancia resultó de .000 considerado como válido, ambos valores mostraron que las muestras cumplieron con los criterios para el análisis factorial. Los resultados de este estudio indican que el instrumento tiene buena validez de constructo, estos resultados están expresados en la tabla 18.

Tabla 18 *Valores KMO y prueba de esfericidad de Bartlett cuestionario "Usabilidad de la plataforma Web "*

Prueba de KMO y Bartlett		
Medida Kaiser-Meyer-Olkin de adecuación de muestreo		.574
Prueba de esfericidad de Bartlett	Aprox. Chi-cuadrado	131.585
	gl	45
	Sig.	.000

Nota. Elaboración propia.

Para el cuestionario "Usabilidad del Bot ", las medidas de Kaiser-Meyer-Olkin (KMO) arrojaron un valor de 0.603 superando el valor mínimo aceptable y la prueba de esfericidad de Bartlett en su nivel de significancia resulto de .001 considerado como válido, ambos valores mostraron que las muestras cumplieron con los criterios para el análisis factorial. Los resultados de este estudio indican que el instrumento tiene buena validez de constructo, estos resultados están expresados en la tabla 19.

Tabla 19 Valores KMO y prueba de esfericidad de Bartlett cuestionario "Usabilidad del Bot "

Prueba de KMO y Bartlett		
Medida Kaiser-Meyer-Olkin de adecuación de muestreo		.603
Prueba de esfericidad de Bartlett	Aprox. Chi-cuadrado	121.465
	gl	78
	Sig.	.001

Nota. Elaboración propia.

Para el cuestionario "Motivos de consumo ", las medidas de Kaiser-Meyer-Olkin (KMO) arrojaron un valor de 0.571 superando el valor mínimo aceptable y la prueba de esfericidad de Bartlett en su nivel de significancia resulto de .000 considerado como valido, ambos valores mostraron que las muestras cumplieron con los criterios para el análisis factorial. Los resultados de este estudio indican que el instrumento tiene buena validez de constructo, estos resultados están expresados en la tabla 20.

Tabla 20 Valores KMO y prueba de esfericidad de Bartlett cuestionario "Motivos de consumo "

Prueba de KMO y Bartlett		
Medida Kaiser-Meyer-Olkin de adecuación de muestreo		.571
Prueba de esfericidad de Bartlett	Aprox. Chi-cuadrado	1170.103
	gl	595
	Sig.	.000

Para el cuestionario "Motivos de consumo", las medidas de Kaiser-Meyer-Olkin (KMO) arrojaron un valor de 0.846 superando el valor mínimo aceptable y la prueba de esfericidad de Bartlett en su nivel de significancia resulto de .000 considerado como valido, ambos valores mostraron que las muestras cumplieron con los criterios para el análisis factorial. Los resultados de este estudio indican que el instrumento tiene buena validez de constructo, estos resultados están expresados en la tabla 21.

Tabla 21 Valores KMO y prueba de esfericidad de Bartlett cuestionario "Motivos de consumo "

Prueba de KMO y Bartlett		
Medida Kaiser-Meyer-Olkin de adecuación de muestreo		.846
Prueba de esfericidad de Bartlett	Aprox. Chi-cuadrado	145.406
	gl	36
	Sig.	.000

Una vez realizado lo anterior se procedió a evaluar la objetividad de todos y cada uno de los instrumentos en cada una de sus áreas conformadas.

3.8.6 Determinación de la objetividad del instrumento

El término de objetividad en relación a la investigación cuantitativa, se relaciona con un estándar asociado al modo en que se captan los fenómenos en la realidad, desde el punto de vista de las personas puede ser un proceso complicado alcanzar dicho entendimiento, en algunas ocasiones se alcanza mediante el consenso entre investigadores o realizando mediciones múltiples (Hernández-Sampieri y Mendoza Torres, 2018).

3.8.6.1 Resultados de la objetividad de los instrumentos utilizados.

Apoyados en la objetividad, experiencia y profesionalismo de los terapeutas, personal médico y demás especialistas de la salud involucrados en el tratamiento se determinó que los instrumentos utilizados en la presente investigación cumplen con su propósito de medición, definición y evaluación del objeto a evaluar, además de que cumplen con los elementos de control de dicha medición, para identificar las variables externas que afectan los resultados y que tanto el entorno como los involucrados no interfieran con los resultados de la investigación.

3.9 Análisis de datos

El análisis de datos es la ciencia que se encarga de examinar un conjunto de datos con el propósito de sacar conclusiones sobre la información para poder tomar decisiones, o simplemente ampliar los conocimientos sobre diversos temas.

El análisis de datos se conforma de varias pruebas y operaciones sobre la información recabada, con la finalidad de obtener conclusiones precisas que ayuden a alcanzar los objetivos propuestos. Una implementación con escalas tipo Likert apoyan los trabajos para efectuar análisis para variables ordinales (no paramétricos), de intervalos (paramétricos) y al final verificar su coincidencia (Hernández-Sampieri y Mendoza Torres, 2018).

En el presente trabajo y apoyados de la estadística inferencial, se realizaron las siguientes pruebas paramétricas; Coeficiente de correlación de Pearson y regresión lineal, para determinar si existe algún tipo de correlación positiva, negativa o neutral entre las variables expuestas en este estudio, además de las pruebas básicas de estadística descriptiva, Hernández-Sampieri et al., (2018) sugiere, cuando se usan escalas tipo Likert, se deben implementar análisis tanto para variables ordinales como de intervalos y después verificar su coincidencia, es decir usar el coeficiente de Pearson y el de Spearman y contrastar los resultados.

El coeficiente de correlación de Pearson es una prueba estadística que se utiliza para analizar la relación entre dos variables, se calcula a partir de las puntuaciones obtenidas por medio del instrumento en una muestra de dos variables, dependiendo del resultado, el coeficiente r de Pearson puede oscilar de −1.00 a +1.00, en la tabla 22 se describen los distintos niveles de correlación posibles.

Tabla 22 *Niveles de correlación de Pearson*

Nivel de correlación	Interpretación de la correlación
-1.00	Correlación negativa perfecta. ("A mayor X, menor Y" o viceversa
-0.90	Correlación negativa muy fuerte
-0.75	Correlación negativa considerable
−0.50	Correlación negativa media.
−0.25	Correlación negativa débil.
−0.10	Correlación negativa muy débil.
0.00	No existe correlación alguna entre las variables.
+0.10	Correlación positiva muy débil.
+0.25	Correlación positiva débil.
+0.50	Correlación positiva media.
+0.75	Correlación positiva considerable.
+0.90	Correlación positiva muy fuerte
+1.00	Correlación positiva perfecta ("A mayor X, mayor Y" o viceversa

Nota. Adaptado de Hernández-Sampieri et al., (2018).

La regresión lineal es otro de los modelos estadísticos que se utilizan para estimar el efecto de una variable sobre otra, entre mayor sea la correlación mayor será la predicción. Para su interpretación, la regresión lineal se describe partiendo con la elaboración de un diagrama de dispersión, las cuales son útiles para visualizar gráficamente una correlación (Hernández-Sampieri et al., 2018).

Por último los coeficientes de correlación para variables ordinales de rangos ordenados de Spearman y Kendall son medidas de correlación para variables en un nivel de medición ordinal, estos coeficientes son utilizados mayormente para asociar estadísticamente escalas del tipo Likert, para analizar los resultados, se utilizan los coeficientes rs y t, ambos coeficientes varían de −1.0 identificado como una correlación negativa perfecta a +1.0 identificado como una correlación positiva perfecta, tomando el 0 como ausencia de correlación, para valores intermedio se interpreta su significancia igual que el coeficiente de Pearson (Hernández-Sampieri y Mendoza Torres, 2018).

3.9.1 Software para análisis estadístico

En el presente trabajo de investigación se utilizó el software de gestión estadística denominado SPSS desarrollado por la empresa IBM, SPSS (Superior Performing Software Systems) es un paquete de programas estadísticos completo relativamente fácil de usar, popular en áreas como economía y ciencias sociales (Pedroza y Dicovskyi, 2007).

Dicho programa, es compatible con varios sistemas operativos, es un software utilizado para capturar y analizar datos y además en la creación de tablas y gráficas con datos complejos, es utilizado para realizar análisis estadísticos descriptivos, bivariados, regresión, análisis de factores, y representación gráfica de los datos, entre otros. En un principio se diseñó para trabajar con investigaciones relacionadas con las ciencias sociales, pero posteriormente se ha implementado en una gran variedad de áreas investigativas (Frías-Navarro, 2014).

CAPITULO IV ANÁLISIS E INTERPRETACIÓN DE LOS RESULTADOS

Los resultados de toda investigación son una parte fundamental de la misma ya que son los que le dan firmeza y peso a las hipótesis con el único fin de validarlas, el objetivo de la sección de resultados es presentar toda la información importante obtenida a lo largo del estudio, presentando una secuencia lógica en la redacción y organización de la información, el investigador deberá informar de forma clara e imparcialmente los datos obtenidos.

Una de las necesidades primordiales en toda investigación es el requerimiento de un procesamiento claro de la información para poder interpretar la temática investigada y conseguir resultados idóneos (Baena Paz, 2017).

El presente capítulo y para el presente estudio, se muestra el análisis de los resultados hallados con la recolección de datos a través del Bot y algunas otras herramientas tecnológicas por medio de instrumentos propios para cada segmento, y procesadas luego con el software SPSS. Con ello se evaluará la usabilidad tanto del Bot como de la plataforma web de apoyo, la eficacia en el tratamiento contra el tabaquismo y la pertinencia de si un paciente es apto o no para llevar el tratamiento, aunado a esto además se analizará la correlación entre las variables expuestas.

Para comprender el contexto de los resultados a plantear se hará una breve recapitulación del entorno en donde y como se realizó el estudio. El tratamiento contra el tabaquismo es un servicio que prestan los Centros de Integración Juvenil, dentro del procedimiento existe un punto en el cual los pacientes registran sus hábitos de consumo en hojas de papel a modo de bitácoras diarias, pero estas son fácilmente extraviadas u olvidadas y son un método poco práctico al momento de llevarlos consigo a todas partes motivo por el cual el médico a cargo no puede llevar un seguimiento puntual de los hábitos de consumo de los pacientes y por ende no puede determinar un diagnóstico y tratamiento oportunos.

Un dispositivo móvil es una herramienta que la mayoría de las personas pueden adquirir y manipular, más aún se considera que están familiarizados con las aplicaciones de mensajería instantánea por ser un medio masivamente usado hoy en día para la comunicación interpersonal, por lo tanto, una aplicación que sea capaz de registrar los eventos de consumo de tabaco diario dentro de una aplicación de mensajería, es altamente útil y es un complemento ideal para llevar más eficazmente el tratamiento contra el tabaquismo.

Antes de iniciar con la presentación de resultados se realizará un recorrido breve describiendo las partes más importantes del Bot desarrollado por Velázquez Macias et al., (2017), implementado como apoyo en el tratamiento contra el tabaquismo.

4.1 Requerimientos funcionales del Bot

Como requerimientos principales para un correcto funcionamiento del Bot se contemplan las siguientes cuestiones de lado del cliente o usuario;

- Dispositivo móvil con un sistema operativo moderno basado en Android, IOS, Windows Phone, o cualquier navegador web moderno compatible con Windows, Linux o Mac.
- Aplicación Telegram instalada.
- Conexión a internet WIFI o por medio de datos móviles.

Como requerimientos principales del lado del servidor se contemplan las siguientes cuestiones;

- Sistema operativo Windows, Linux o Mac
- Software de programación Python correctamente configurado.
- Script de código escrito en Python ejecutándose de forma indefinida en una máquina local la cual escucha peticiones de los clientes y permite almacenar los registros enviados por los mismos, en una base de datos para ser consultados posteriormente.
- Conexión permanente y estable a internet.

4.1.1 Funcionalidad lógica del Bot

Basado en una arquitectura del tipo cliente-servidor la aplicación principal se ejecuta en un sistema capaz de ejecutar aplicaciones escritas en el lenguaje de programación Python implementado las librerías Telepot, el código fuente del Bot se encuentra en el apéndice A del presente documento, la interacción cliente-servidor se consigue a través de mensajes de texto enviados a través de internet por medio de la aplicación Telegram, en la figura 5 se muestra el funcionamiento lógico que sigue el funcionamiento del Bot.

Figura 5 *Diagrama sobre el funcionamiento lógico que da soporte al Bot*

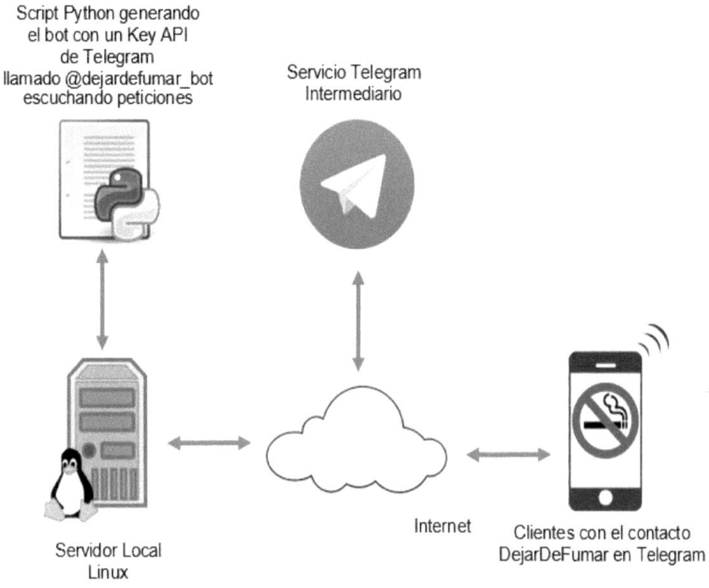

Nota. Tomado de (Velázquez Macias et al., 2017, p.x. 58).

La interacción cliente-servidor, los mensajes, sus respuestas, y el cuerpo de los textos presentados por el Bot están basadas en el material de Centros de Integración Juvenil para el tratamiento de las adicciones.

4.1.2 Ejecución e implementación del Bot

Luego de agregar como contacto al Bot denominado @dejardefumar_bot identificado por la señalética internacional de "no fumar", se envía automáticamente el primer mensaje del teléfono del usuario al Bot, es decir desde un cliente al servidor, el comando por defecto al iniciar un Bot en Telegram es "/start", el servidor responde inmediatamente con un primer mensaje, en este caso del lado del servidor con un texto de bienvenida, es común asignar un nombre propio al Bot para simular una charla más natural, complementando al mensaje de bienvenida también se incluye un menú de opciones a modo de ayuda sobre los comandos soportados por el Bot, el cual se representa en la figura 6, estos dos elementos sirven como una instrucción a la comunicación que se realizara entre el usuario o paciente en tratamiento y el Bot.

Figura 6 *Captura de pantalla con el mensaje de bienvenida y ayuda*

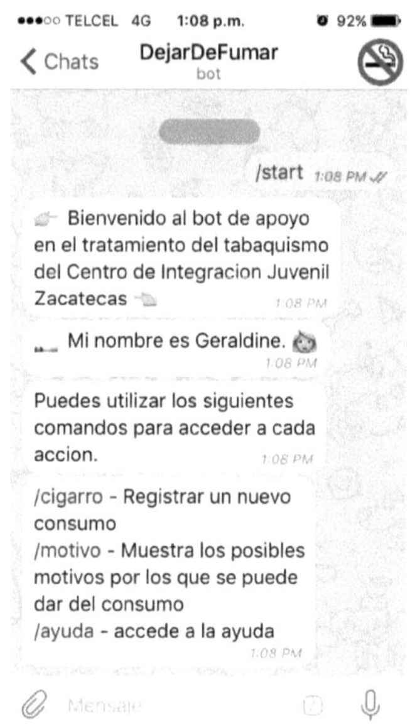

Nota. Tomado de (Velázquez Macias et al., 2017, p.x. 59).

Otra de las funciones principales del Bot expresada en la figura 7, es la de registrar los consumos de tabaco, realizados por el paciente, dando oportunidad de seleccionar el motivo por el cual se encendió un cigarrillo, se registran además algunos otros datos que ayudan al personal médico a tomar ciertas decisiones en lo concerniente al tratamiento del paciente.

Figura 7 *Captura de pantalla registros de consumo*

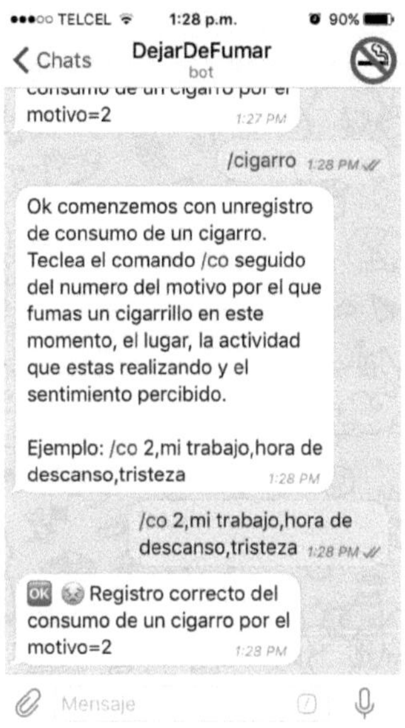

Nota. Tomado de (Velázquez Macias et al., 2017, p.x. 59).

Cuando se recibe un registro a través del comando "/co", este es almacenado en una base de datos alojada en el servidor, posteriormente los registros y sus propiedades pueden ser consultados por el terapeuta o personal médico especializado, la tabla 23 a continuación, muestra el formato de registros y sus atributos y la forma en que se almacena en la base de datos:

Tabla 23 *Registro de consumos en la base de datos*

Id_consumo	Id_chat	Fecha-hora	Motivo	Lugar	Actividad	Sentimiento
1	22345	12/12/2017 12:23	2	Auto	Hora de descanso	Enojo

		12/12/2017			Luego de	
2	24598	14:23	3	Casa	comer	Tristeza

Otra de las opciones principales representada en la figura 8, es la de comenzar el cuestionario que sirve de base para el inicio de un tratamiento contra el tabaquismo, puede ser invocado con la opción "/cuestionario", este cuestionario sirvió de base para determinar si un paciente es apto para llevar el tratamiento de acuerdo a los resultados arrojados por el mismo.

Figura 8 *Captura de pantalla del inicio del cuestionario sobre motivos de consumo de tabaco*

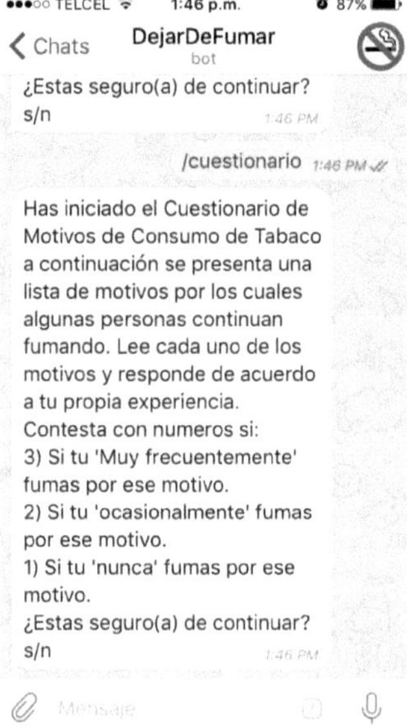

Como una opción de reforzamiento hacia el tratamiento, ejemplificada en la figura 9, se muestra como el Bot es capaz de enviar tips complementarios autorizados por los especialistas en salud que además argumentan pueden servir para evitar o reducir el consumo del tabaco, estos mensajes se envían de forma aleatoria y pueden programarse con cierta frecuencia.

Figura 9 *Captura de pantalla con tips enviados de forma periódica del servidor a cada uno de los clientes*

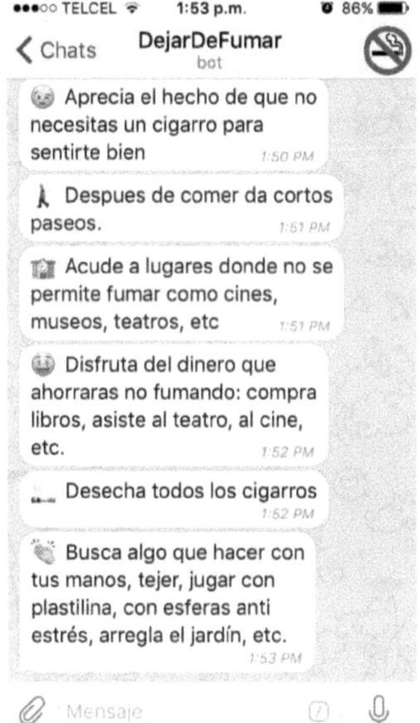

Nota. Tomado de (Velázquez Macias et al., 2017, p.x. 60).

Estos mensajes están validados de acuerdo al anexo 3 del Manual de Aplicación denominado "Tratamiento para Dejar de Fumar" elaborado Centros de

Integración Juvenil y la Dirección de Tratamiento y Rehabilitación (Chavez Vizuet, 2016).

De acuerdo a la opinión de los expertos se pueden configurar un mayor número de tips de los disponibles en el Bot, para aumentar la variedad de la información. Adicionalmente y como parte del proceso de interacción natural, el Bot responde a ciertos mensajes, por ejemplo; "buenos días", "buenas noches", "Gracias", entre otros.

Al cometer errores en la escritura de los comandos o al enviar comandos no reconocidos, el Bot cuenta con un sistema de gestión de errores el cual responde cuando el servidor desconoce un comando con un texto alternativo, como se muestra en la figura 10.

Figura 10 *Captura de pantalla con mensajes de saludo y alternativos*

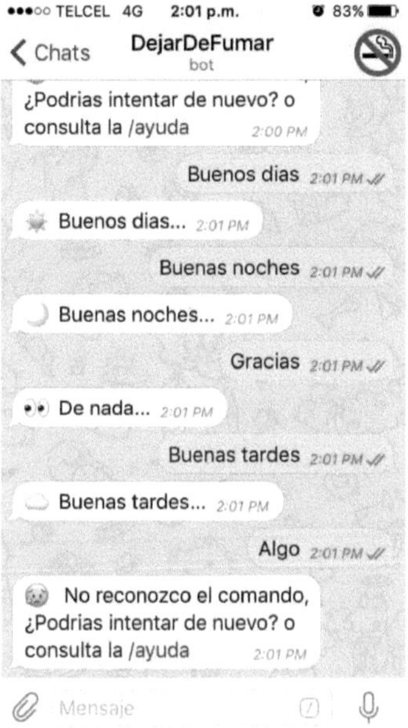

Nota. Tomado de (Velázquez Macias et al., 2017, p.x. 61).

4.2 Funcionamiento del sitio web de consulta

Para el apoyo en la consulta de los registros realizados por los pacientes se diseñó un sitio web sencillo, y se puso a disposición de los terapeutas asignándoles nombres de usuario y contraseñas con el fin de que pudieran dar un seguimiento personalizado a cada uno de los pacientes.

El seguimiento individualizado y la interpretación de los registros generados por los pacientes quedaron a cargo del terapeuta asignado, por lo que esos resultados quedan fuera del alcance de este trabajo.

143

Cabe destacar que los nombres de todos los pacientes se asociaron a identificadores numéricos con el fin de proteger su identidad y privacidad.

Al añadir el contacto @dejardefumar_bot en la aplicación de mensajería Telegram, descrito en la sección anterior, los algoritmos del programa asignan un identificador de chat único e irrepetible para a cada paciente, este identificador nombrado en la base de datos como "id_chat" es asignado al expediente del paciente por el terapeuta, siendo el único que conoce a que persona pertenece dicho identificador.

Dentro del sitio el terapeuta pudo realizar consultas de diversos tipos, entre las cuales destacan: búsqueda por identificador de chat, búsqueda por lugar de consumo, búsqueda por sentimiento, búsqueda por fecha y hora de registro, entre otros, además de tener la posibilidad de generar archivos de acuerdo a las consultas realizadas en formato PDF o en formato de archivo Excel, además de poder imprimir directamente los resultados para una mayor comprensión y su posterior interpretación, la captura de la pantalla principal de la interfaz Web que incluye todas las opciones que soporta y muestra todos sus componentes gráficos los cuales sirven de apoyo al tratamiento contra el tabaquismo se muestra en la figura 11.

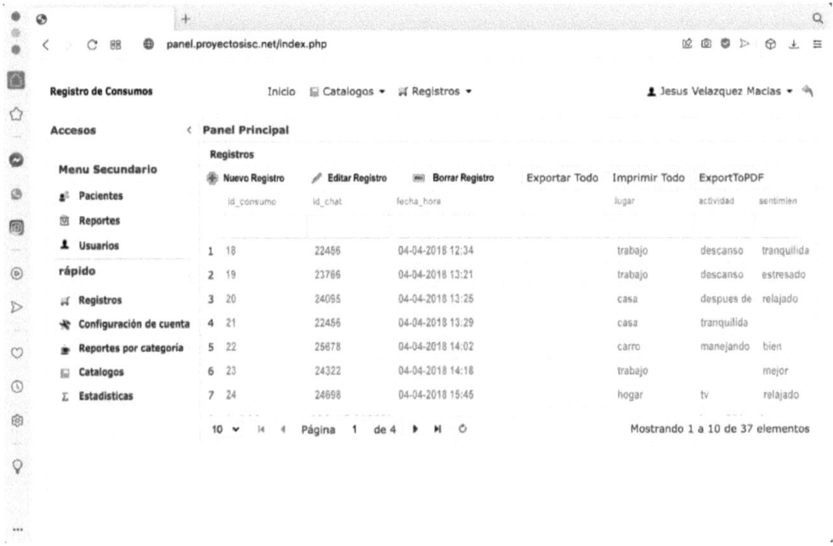

Nota. Elaboración Propia.

Dentro del sitio el terapeuta pudo realizar consultas de diversos tipos, entre las cuales destacan: por identificador de chat, por lugar de consumo, por sentimiento, por fecha y hora de registro, entre otros, además de tener la posibilidad de generar archivos de acuerdo a las consultas realizadas en formato PDF, o imprimir directamente los resultados para una mayor comprensión y su posterior interpretación.

Esta herramienta permitió al terapeuta facilitar el diagnóstico y la determinación del mejor tratamiento de acuerdo a las características y comportamientos de consumo de cada paciente, esta información es de carácter privado y no está disponible, por lo que está fuera del alcance de este documento.

4.3 Método tradicional de trabajo

El tratamiento contra el tabaquismo es un servicio que prestan los Centros de Integración Juvenil, dentro del procedimiento existe un punto en el cual los pacientes registran sus hábitos de consumo en hojas de papel a modo de bitácoras diarias, pero estas son fácilmente extraviadas u olvidadas y son un método poco práctico al momento de llevarlos consigo a todas partes motivo por el cual el médico a cargo no puede llevar un seguimiento puntual de los hábitos de consumo de los pacientes y por ende no puede determinar un diagnóstico y tratamiento oportunos.

Un dispositivo móvil es una herramienta que la mayoría de las personas pueden adquirir y manipular, más a un están familiarizados con las aplicaciones de mensajería instantánea, por lo tanto, una aplicación que sea capaz de registrar dichos eventos de consumo dentro de una aplicación de mensajería es altamente útil y es un complemento ideal para llevar más eficazmente su tratamiento contra el tabaquismo.

La investigación se llevó a cabo dentro del Centro de Integración Juvenil en Zacatecas, la recolección de datos consistió en un cuestionario inicial (Consultar anexo 1) para determinar si una persona es apta o no para participar en el estudio, posteriormente otro cuestionario más para determinar la eficacia del Bot.

4.4 Interpretación de los resultados obtenidos

En esta sección se muestran los resultados obtenidos de los métodos y técnicas de investigación descritos anteriormente, según Baena Paz (2017), "las nuevas necesidades de la investigación, requieren que haya un procesamiento de información claro, comprensible y efectivo para poder interpretar la realidad que se investiga y tener resultados idóneos" (p. 110). Por su parte Hernández-Sampieri et al., (2018), opinan que "Una vez que los datos se han codificado, transferido a una matriz, guardado en un archivo y "limpiado" los errores, el investigador procede a analizarlos" (p. 272).

4.4.1 Trabajos preliminares para la obtención de la muestra

Para la obtención de los candidatos a participar en la investigación se utilizó un cuestionario previamente diseñado por Centros de Integración Juvenil denominado "Cuestionario de Motivos de consumo de tabaco", para determinar si una persona es apta primero para iniciar un tratamiento, cabe señalar que esta selección estuvo a cargo del personal terapéutico del Centro de Integración Juvenil, como profesionales capacitados en esa área.

El Bot sirvió para que los pacientes respondieran el cuestionario de forma digital y desde sus dispositivos móviles, la meta fue reunir al menos a 60 pacientes, este número se determinó de acuerdo a los registros de años anteriores en los cuales aproximadamente es el número de personas que toman este tipo de tratamientos al año en ese centro, según la opinión del personal comisionado en dicho centro.

En la figura 12 se muestran los resultados obtenidos por cada paciente, los cuales a opinión de los terapeutas y basados en los manuales de operación se determina si son candidatos o no para llevar al tratamiento, se estableció un rango de promedio de 1.5 a 6.0 para candidatos viables y de 1 a 1.49 para candidatos no viables, en este caso todos los candidatos (60) presentaron un promedio viable y fueron incluidos en la prueba:

Figura 12 *Gráfico de dispersión del promedio obtenido por paciente en el cuestionario de motivos por consumo*

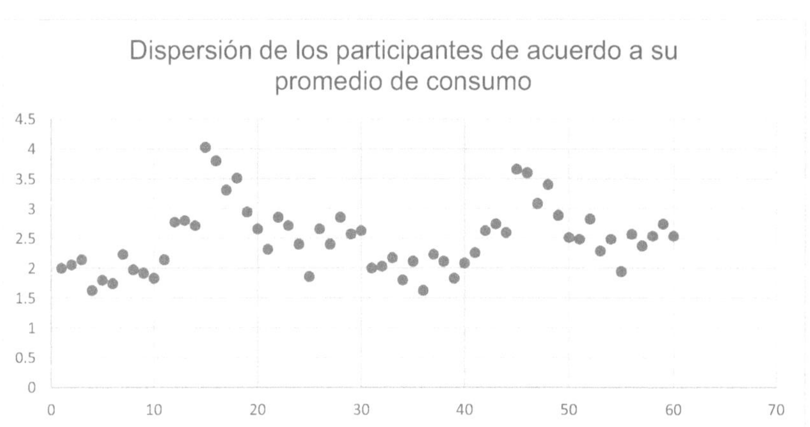

Nota. Elaboración Propia (Velázquez, 2022).

Dados estos resultados la tendencia confirma y concuerda lo expuesto en el estudio de Velázquez-Altamirano y Córdoba-Alcaráz (2020), denominado "Evaluación de la clínica para dejar de fumar CIJ" en la cual, encontraron la necesidad de incluir al mayor número de pacientes de distintas áreas geográficas, niveles socioeconómicos y edades, no solo para enriquecer las experiencias y diagnósticos individuales, sino para tener una mayor cobertura con respecto a años anteriores.

Los picos superiores observados en la figura 12 representan a las personas con el hábito de fumar más arraigado y en los picos inferiores con el hábito menos arraigado, además se observa que la mayoría de los pacientes se concentran entre los valores promedio de 1.5 a 3, y solo una pequeña parte excede el rango de 4 a 6 puntos, grupo que se identifica por tener un nivel más arraigado de adicción al tabaco, para mayor información sobre el cuestionario utilizado en esta etapa y sus reactivos consultar el anexo 1.

La tabla número 24, a continuación, muestra el valor obtenido exacto de cada participante, lo cual como se describe en párrafos anteriores, todos los participantes fueron incluidos en el estudio por estar dentro del rango establecido para candidatos viables al igualar o superar el consumo mínimo solicitado, por motivos de privacidad y protección de datos, el investigador no tuvo acceso a datos personales y sensibles de los pacientes como los son; nombre, edad, sexo, entre otros, simplemente se distingue a cada paciente por el identificador asignado por los terapeutas.

Tabla 24 *Promedios de consumo de acuerdo al cuestionario "Motivos de Consumo" obtenidos para cada paciente*

	Promedio Obtenido
Paciente 1	2
Paciente 2	2.05714286
Paciente 3	2.14285714
Paciente 4	1.62857143
Paciente 5	1.8
Paciente 6	1.74285714
Paciente 7	2.22857143
Paciente 8	1.97142857
Paciente 9	1.91428571
Paciente 10	1.82857143
Paciente 11	2.14285714
Paciente 12	2.77142857
Paciente 13	2.8
Paciente 14	2.71428571
Paciente 15	4.02857143
Paciente 16	3.8
Paciente 17	3.31428571
Paciente 18	3.51428571
Paciente 19	2.94285714
Paciente 20	2.65714286
Paciente 21	2.31428571
Paciente 22	2.85714286
Paciente 23	2.71428571
Paciente 24	2.4
Paciente 25	1.85714286
Paciente 26	2.65714286
Paciente 27	2.4
Paciente 28	2.85714286
Paciente 29	2.57142857
Paciente 30	2.62857143
Paciente 31	2
Paciente 32	2.02857143
Paciente 33	2.17142857
Paciente 34	1.8
Paciente 35	2.11428571
Paciente 36	1.62857143

Paciente 37	2.22857143
Paciente 38	2.11428571
Paciente 39	1.82857143
Paciente 40	2.08571429
Paciente 41	2.25714286
Paciente 42	2.62857143
Paciente 43	2.74285714
Paciente 44	2.6
Paciente 45	3.65714286
Paciente 46	3.6
Paciente 47	3.08571429
Paciente 48	3.4
Paciente 49	2.88571429
Paciente 50	2.51428571
Paciente 51	2.48571429
Paciente 52	2.82857143
Paciente 53	2.28571429
Paciente 54	2.48571429
Paciente 55	1.94285714
Paciente 56	2.57142857
Paciente 57	2.37142857
Paciente 58	2.54285714
Paciente 59	2.74285714
Paciente 60	2.54285714

Nota. Elaboración propia.

La figura 13 toma como ejemplo las respuestas del primer reactivo en el que se puede apreciar que las opciones "frecuentemente" y "siempre" no tuvieron impacto en los pacientes, dicho de otro modo, nunca seleccionaron esas respuestas para este ítem.

Figura 13 *Distribución de respuestas del reactivo "Siento que fumar me da seguridad"*

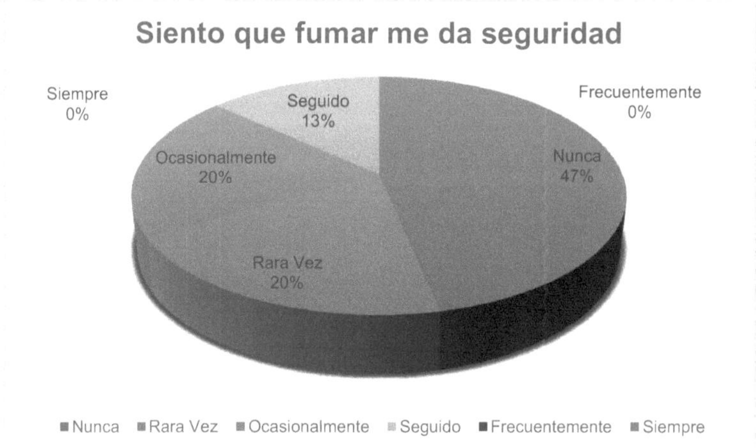

Nota. Elaboración Propia (Velázquez, 2022).

La concurrencia en la selección de respuestas por parte de los pacientes se expresa en la figura 13, obteniendo un menor número de selecciones las opciones "Frecuentemente" y "Siempre", este ítem está categorizado dentro del área psicosocial por Velázquez-Altamirano y Córdova-Alcaráz (2020), además, el ítem y los demás incluidos en el cuestionario "Motivos de consumo de tabaco" ha sido revisado y avalado por el autor Chavez Vizuet (2016), este instrumento que ha sido utilizado en el tratamiento para dejar de fumar de Centros de Integración Juvenil en todo el país.

En la figura 14, se muestra el total de opciones seleccionadas por los pacientes en dicho cuestionario. Se puede destacar que las opciones "Nunca" y

"Rara vez" son las que obtuvieron mayor número de selección, es decir, para todas las preguntas la opción "Rara vez" fue seleccionada 584 veces por los pacientes.

Figura 14 *Total, respuestas seleccionadas por los pacientes en el cuestionario "Motivos de consumo de tabaco"*

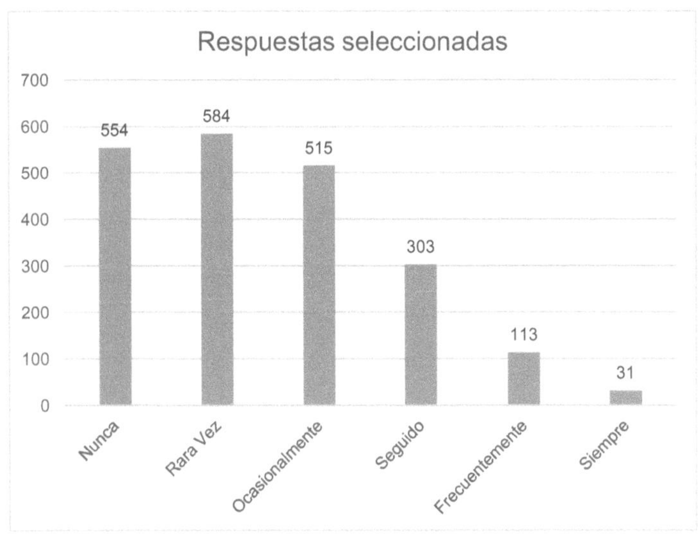

Nota. Elaboración Propia (Velázquez, 2022).

En la figura 15, se muestra el porcentaje de opciones seleccionadas por los pacientes en dicho cuestionario. Se puede destacar que las opciones "Nunca" y "Rara vez" son las que obtuvieron mayor porcentaje de selección, es decir, para todas las preguntas la opción "Rara vez" representa el 28% en cuanto a selección por parte de los pacientes.

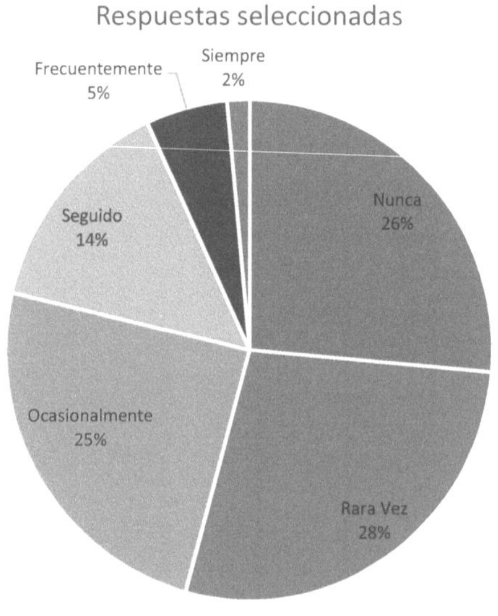

Nota. Elaboración Propia (Velázquez, 2022).

En la figura 16, se representa la sumatoria por pregunta en el cuestionario "Motivos de consumo", en la cual se muestra cuáles son los tres motivos más comunes o frecuentes seleccionados por los pacientes, resultando que las preguntas; 6, 16, 26, fueron a las que los pacientes les dieron una mayor puntuación, dichas preguntas corresponden a los siguientes enunciados:

6. Aún enfermo siento la necesidad de un cigarro, con una sumatoria de 189 puntos.

26. Fumo más cuando estoy tenso(a), con una sumatoria de 181 puntos.

16. En trabajos monótonos o aburridos fumo más, con una sumatoria de 180.

Figura 16 *Ítems con mayor puntaje que determinan los tres motivos más frecuentes en el consumo de tabaco en pacientes*

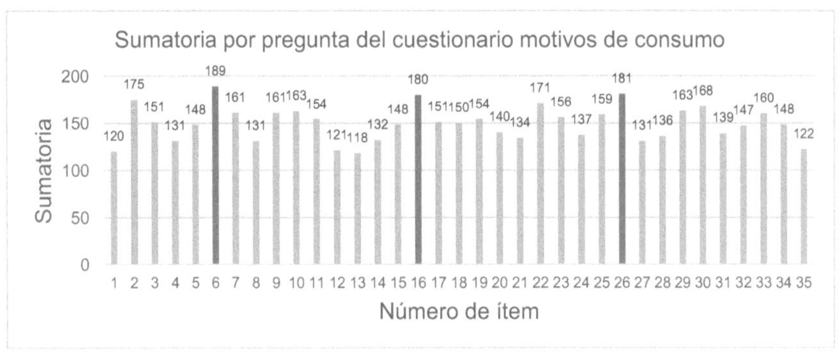

Nota. Elaboración Propia (Velázquez, 2022).

La identificación de los motivos principales del consumo de tabaco es primordial para los terapeutas, como lo expuesto por Velázquez-Altamirano y Córdoba-Alcaráz (2020), con lo que afirman que con ello se pretende cumplir con los objetivos establecidos en el programa para culminar de forma satisfactoria el tratamiento, y de esta forma reducir o eliminar el consumo de tabaco, Londoño Pérez et al., (2021), también consideraron incluir este tipo de ítems en sus estudios

155

debido a que estas cuestiones pueden ser tomados como indicadores, que permitan evaluar estos aspectos y así reforzar las pruebas en la clasificación precisa del tipo y motivos de consumo, en su estudio no incluyo este tipo de preguntas, pero aun así las considera importantes.

4.4.2 Resultados sobre la usabilidad del Bot

La usabilidad de una aplicación es el nivel en que un producto puede ser utilizado por los usuarios finales para lograr objetivos con efectividad, eficiencia y satisfacción en un contexto determinado de uso (González y Reboredo, 2019), para este propósito, la usabilidad de la aplicación se evaluó utilizando el cuestionario correspondiente descrito en el anexo 2, esta evaluación se realizó más o menos a la mitad del tratamiento del primer grupo, la evaluación para el segundo grupo se realizó al final del tratamiento, la obtención de resultados se dividió en 2 partes iniciando con el primer grupo de 28 personas en el mes de febrero de 2018, el segundo grupo inicio actividades a finales del mes de abril de 2018 con un total de 32 personas.

Una vez aplicado el cuestionario, los resultados obtenidos se agruparon de acuerdo al tipo de pregunta utilizada las cuales están agrupadas en 3 vertientes; desempeño, funcionalidad e información. Para el apartado de desempeño (preguntas 1, 4, 12 y 13) se obtuvieron los siguientes resultados:

Pregunta 1, La instalación del programa Telegram, el 100% de los encuestados respondieron entre los rangos Excelente, Muy buena y Buena, por lo que se concluye que todas las personas encuestadas están familiarizadas con la instalación de aplicaciones en sus dispositivos móviles, los porcentajes totales y la frecuencia de cada rango se expresan en la tabla 25.

Tabla 25 *Estadísticos descriptivos y frecuencias relacionadas con la pregunta 1 del cuestionario "Usabilidad del Bot"*

		Instalación			
		Frecuencia	Porcentaje	Porcentaje válido	Porcentaje acumulado
Válido	Buena	15	25.0	25.0	25.0
	Muy buena	26	43.3	43.3	68.3
	Excelente	19	31.7	31.7	100.0
	Total	60	100.0	100.0	

Nota. Elaboración propia.

Pregunta 4, el tiempo de respuesta, el 58% de los encuestados decidieron seleccionar la opción de Excelente, además 18.33% respondieron que el tiempo de respuesta fue Muy buena, esto determina que la rapidez para recibir mensajes como para abrir la aplicación fue ágil, la aplicación Telegram se considera más ligera que otras aplicaciones de mensajería móvil según el sitio web geeknetic (*Telegram vs Whatsapp*, s/f), los porcentajes totales y la frecuencia de cada rango se expresan en la tabla 26.

Tabla 26 *Estadísticos descriptivos y frecuencias relacionadas con la pregunta 4 del cuestionario "Usabilidad del Bot"*

		Frecuencia	Porcentaje	Porcentaje válido	Porcentaje acumulado
Tiempo de Respuesta					
Válido	Buena	14	23.3	23.3	23.3
	Muy buena	11	18.3	18.3	41.7
	Excelente	35	58.3	58.3	100.0
	Total	60	100.0	100.0	

Nota. Elaboración propia.

Pregunta 12, el consumo de datos (internet), solo el 18% respondieron que el consumo fue Regular a Mala, mientras que el 81.67% expresó que el consumo de datos fue de Buena a Excelente lo que se traduce a un consumo bajo de datos, los porcentajes totales y la frecuencia de cada rango se expresan en la tabla 27.

Tabla 27 *Estadísticos descriptivos y frecuencias relacionadas con la pregunta 12 del cuestionario "Usabilidad del Bot"*

		Frecuencia	Porcentaje	Porcentaje válido	Porcentaje acumulado
Consumo de Datos					
Válido	Mala	1	1.7	1.7	1.7
	Regular	10	16.7	16.7	18.3
	Buena	8	13.3	13.3	31.7
	Muy buena	23	38.3	38.3	70.0
	Excelente	18	30.0	30.0	100.0
	Total	60	100.0	100.0	

Nota. Elaboración propia.

Pregunta 13, la velocidad de ejecución general del Bot, esta pregunta está ligada directamente a la pregunta 4, en esta cuestión los encuestados respondieron de Buena a Excelente en un 88.33%, los porcentajes totales y la frecuencia de cada rango se expresan en la tabla 28.

Tabla 28 *Estadísticos descriptivos y frecuencias relacionadas con la pregunta 13 del cuestionario "Usabilidad del Bot"*

		Frecuencia	Porcentaje	Porcentaje válido	Porcentaje acumulado
	Ejecución				
Válido	Regular	7	11.7	11.7	11.7
	Buena	6	10.0	10.0	21.7
	Muy buena	25	41.7	41.7	63.3
	Excelente	22	36.7	36.7	100.0
	Total	60	100.0	100.0	

Nota. Elaboración propia.

Los ítems anteriores incluidos en la vertiente denominada en el presente estudio como "Desempeño", se asimila a la dimensión "Satisfacción" presentada por Pérez Peña y Ramos Jurado (2021), donde obtuvieron una muy baja calificación, con un nivel bajo de 56.67% de los encuestados y con un nivel moderado de 43.33% de los mismos, en una población de 30 personas, con lo que concluyen que la satisfacción es baja en cuanto a la atención al cliente, contrario al presente estudio donde se obtuvo un nivel de aceptación superior al 80%.

Para el apartado de funcionalidad se contemplaron las preguntas 2, 3, 5, 6, 7, 8, 9 en promedio se obtuvieron 93% de respuestas positivas entre todos los reactivos y solo 6.3% en las consideradas negativas, a continuación, se detalla el resultado de cada una de ellas:

Pregunta 2, búsqueda de Contacto, el 91.67% de los encuestado determino que la búsqueda del contacto "Dejar de Fumar" en Telegram fue "Excelente", por lo que se determina que la búsqueda y agregación del contacto fue rápida y fácil, los porcentajes totales y la frecuencia de cada rango se expresan en la tabla 29.

Tabla 29 *Estadísticos descriptivos y frecuencias relacionadas con la pregunta 2 del cuestionario "Usabilidad del Bot"*

		Búsqueda Contacto			
		Frecuencia	Porcentaje	Porcentaje válido	Porcentaje acumulado
Válido	Buena	3	5.0	5.0	5.0
	Muy buena	2	3.3	3.3	8.3
	Excelente	55	91.7	91.7	100.0
	Total	60	100.0	100.0	

Nota. Elaboración propia.

Pregunta 3, ayuda del Bot, el Bot como tal no brinda un sistema de ayuda a los pacientes o tiene una base de datos sobre términos clave o preguntas frecuentes, simplemente brinda un diccionario sobre los comandos que se pueden utilizar dentro del Bot, por la tanto solo el 50% de las personas que contestaron esta pregunta calificaron como "Excelente" el diccionario mostrado a la hora de seleccionar "Ayuda", los porcentajes totales y la frecuencia de cada rango se expresan en la tabla 30.

Tabla 30 *Estadísticos descriptivos y frecuencias relacionadas con la pregunta 3 del cuestionario "Usabilidad del Bot"*

		Frecuencia	Porcentaje	Porcentaje válido	Porcentaje acumulado
Ayuda					
Válido	Mala	3	5.0	5.0	5.0
	Regular	8	13.3	13.3	18.3
	Buena	2	3.3	3.3	21.7
	Muy buena	17	28.3	28.3	50.0
	Excelente	30	50.0	50.0	100.0
	Total	60	100.0	100.0	

Nota. Elaboración propia.

Preguntas 5 y 6, claridad de las opciones disponibles y claridad de las respuestas recibidas, más del 60% de los encuestados decidieron como "Excelente" ambos reactivos, los porcentajes totales y la frecuencia de cada rango se expresan en la tabla 31 y 32 respectivamente.

Tabla 31 *Estadísticos descriptivos y frecuencias relacionadas con la pregunta 5 del cuestionario "Usabilidad del Bot"*

		Frecuencia	Porcentaje	Porcentaje válido	Porcentaje acumulado
Opciones Disponibles					
Válido	Regular	1	1.7	1.7	1.7
	Buena	9	15.0	15.0	16.7
	Muy buena	11	18.3	18.3	35.0
	Excelente	39	65.0	65.0	100.0
	Total	60	100.0	100.0	

Nota. Elaboración propia.

Tabla 32 *Estadísticos descriptivos y frecuencias relacionadas con la pregunta 6 del cuestionario "Usabilidad del Bot"*

		Frecuencia	Porcentaje	Porcentaje válido	Porcentaje acumulado
	Respuestas Recibidas				
Válido	Mala	1	1.7	1.7	1.7
	Regular	1	1.7	1.7	3.3
	Buena	2	3.3	3.3	6.7
	Muy buena	19	31.7	31.7	38.3
	Excelente	37	61.7	61.7	100.0
	Total	60	100.0	100.0	

Nota. Elaboración propia.

Pregunta 7, facilidad del uso del Bot, el 76.67% de los pacientes determinaron que la manipulación del Bot es de "Buena" a "Excelente", y el 21.67% selecciono la opción de "Regular", el resto determino que fue mala por lo que se considera difícil para un cierto segmento de la población evaluada (1.67%), los porcentajes totales y la frecuencia de cada rango se expresan en la tabla 33.

Tabla 33 *Estadísticos descriptivos y frecuencias relacionadas con la pregunta 7 del cuestionario "Usabilidad del Bot"*

		Frecuencia	Porcentaje	Porcentaje válido	Porcentaje acumulado
	Facilidad				
Válido	Mala	1	1.7	1.7	1.7
	Regular	13	21.7	21.7	23.3
	Buena	1	1.7	1.7	25.0
	Muy buena	14	23.3	23.3	48.3
	Excelente	31	51.7	51.7	100.0
	Total	60	100.0	100.0	

Preguntas 8 y 9, la interfaz gráfica del Bot y El tipo y tamaño del texto, este elemento recibió en general buena aceptación: 98.33% y 75% respectivamente, debido a la interfaz presenta un diseño igual al de los chats encontrados en las aplicaciones de mensajería instantáneas más populares, los porcentajes totales y la frecuencia de cada rango se expresan en la tabla 34 y 35 respectivamente.

Tabla 34 *Estadísticos descriptivos y frecuencias relacionadas con la pregunta 8 del cuestionario "Usabilidad del Bot"*

		Interfaz			
		Frecuencia	Porcentaje	Porcentaje válido	Porcentaje acumulado
Válido	Regular	1	1.7	1.7	1.7
	Muy buena	18	30.0	30.0	31.7
	Excelente	41	68.3	68.3	100.0
	Total	60	100.0	100.0	

Tabla 35 *Estadísticos descriptivos y frecuencias relacionadas con la pregunta 9 del cuestionario "Usabilidad del Bot"*

		Texto			
		Frecuencia	Porcentaje	Porcentaje válido	Porcentaje acumulado
Válido	Regular	1	1.7	1.7	1.7
	Buena	14	23.3	23.3	25.0
	Muy buena	17	28.3	28.3	53.3
	Excelente	28	46.7	46.7	100.0
	Total	60	100.0	100.0	

En los ítems anteriores incluidos en la vertiente denominada en el presente estudio como "Funcionalidad", obtuvieron como resultados en promedio una muy buena aceptación por parte de los encuestados, similar a lo reportado por Labra Chino y Quispe Poma (2022), donde a través del análisis de los resultado obtenidos a través de sus instrumentos, demostraron que los chat Bot son eficientes en tiempo de respuesta con un promedio 0.8 milisegundos en las respuestas en tiempo real así como en el rendimiento general del chat Bot, determinando que es flexible y óptimo, dado que es adaptable la capacidad del chat Bot.

Los resultados de ambos estudios reflejan la flexibilidad de los Bot en cuanto a ejecución debido a los bajos recursos que consumen en los dispositivos y a las altas tasas de respuesta y disponibilidad que soportan las plataformas tecnologías de sus respectivos proveedores.

Para el apartado de información se contemplaron las preguntas 10 y 11 en promedio se obtuvieron 100% de respuestas consideradas como positivas entre los dos reactivos involucrados, a continuación, se detalla el resultado de cada una de ellas:

Pregunta 10, tips recibidos (temática), el 100.00% de los encuestados determino que los tips recibidos a través de Bot y la temática que manejan relacionada con el tabaquismo, fue entre "Excelente", "Muy buena" y "Buena" por lo que se determina que estas acciones resultan aceptadas para la mayoría de los pacientes, los porcentajes totales y la frecuencia de cada rango se expresan en la tabla 36.

Tabla 36 *Estadísticos descriptivos y frecuencias relacionadas con la pregunta 10 del cuestionario "Usabilidad del Bot"*

		Tips			
		Frecuencia	Porcentaje	Porcentaje válido	Porcentaje acumulado
Válido	Buena	15	25.0	25.0	25.0
	Muy buena	24	40.0	40.0	65.0
	Excelente	21	35.0	35.0	100.0
	Total	60	100.0	100.0	

Nota. Elaboración propia.

Pregunta 11, periodicidad de los tips recibidos, el 93.4% de los encuestados determino que la frecuencia que manejan los tips recibidos, es decir el tiempo entre un tip y otro o más concretamente los tips recibidos por día fue entre "Excelente", "Muy buena" y "Buena", solo el 6.7% determino que esta acción es "Regular", por lo que se determina que la frecuencia en cuanto a los tips recibidos resulta con muy buena aceptación, los porcentajes totales y la frecuencia de cada rango se expresan en la tabla 37.

Tabla 37 *Estadísticos descriptivos y frecuencias relacionadas con la pregunta 10 del cuestionario "Usabilidad del Bot"*

		Frecuencia	Porcentaje	Porcentaje válido	Porcentaje acumulado
Periodicidad Tips					
Válido	Regular	4	6.7	6.7	6.7
	Buena	6	10.0	10.0	16.7
	Muy buena	25	41.7	41.7	58.3
	Excelente	25	41.7	41.7	100.0
	Total	60	100.0	100.0	

Nota. Elaboración propia.

En los ítems anteriores incluidos en la vertiente denominada en el presente estudio como "Información", se tuvo como resultados un nivel de aceptación muy alto por valorar el total de selección de respuestas consideradas como positivas en un 100% por todos los encuestados, semejante a lo obtenido en el estudio presentado por Villegas-Ch et al., (2020), en el cual determinaron que la información adecuada, en el momento preciso es conocimiento y que aunado a las tareas básicas programadas en un Bot, es importante además incluir información adicional dentro de su diseño, para reforzar el conocimiento y retención de la información en los usuarios.

La concurrencia en la selección de respuestas por parte de los pacientes se expresa en la figura 17, obteniendo un mayor número de selecciones las opciones "Excelente" y "Muy buena".

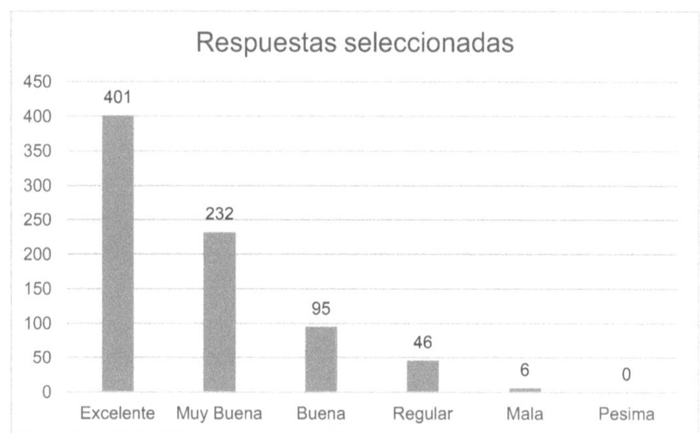

Nota. Elaboración Propia (Velázquez, 2022).

Tomando en consideración la sumatoria de selección de las opciones consideradas como positivas; "Excelente", "Muy Buena" y "Buena", se puede considerar que el Bot en términos generales, fue considerado como "Altamente usable" para el 93% de los pacientes.

En la figura 18, se muestra el porcentaje de opciones seleccionadas por los pacientes en dicho cuestionario de forma general en todas las preguntas. Se puede destacar que las opciones "Excelente" y "Muy Buena" son las que obtuvieron mayor porcentaje de selección, con un 51% y 31% respectivamente.

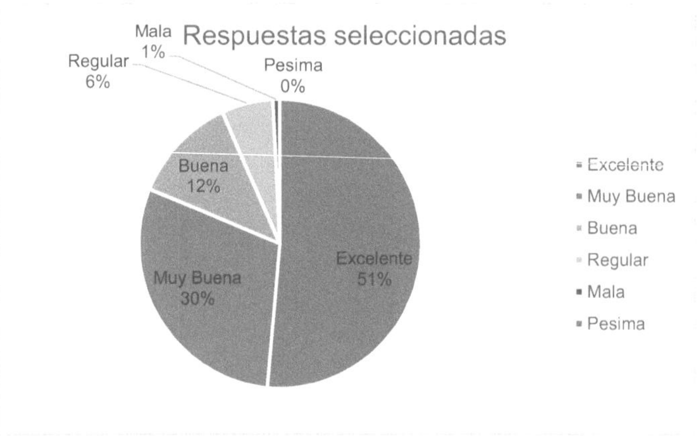

Nota. Elaboración Propia (Velázquez, 2022).

A continuación, en la tabla 38, se presentan las tendencias de selección del presente cuestionario, haciendo referencia a los promedios por paciente en cuanto a su opinión sobre la usabilidad del Bot, claramente se aprecia una tendencia dominante sobre la consideración general de cada individuo representada por los parámetros de "Muy buena" y "Excelente", no se muestran otras selecciones por contar con un porcentaje de cero.

Tabla 38 *Tendencia de selección "Usabilidad del Bot"*

		Frecuencia	Porcentaje	Porcentaje válido	Porcentaje acumulado
Válido	Muy Buena	13	21.7	21.7	21.7
	Excelente	47	78.3	78.3	100.0

	Total	60	100.0	100.0

La figura 19, representa gráficamente las selecciones dominantes en el cuestionario "Usabilidad del Bot", destacando predominante mente las opciones "Muy buena" y "Excelente".

Figura 19 *Gráfico sobre la tendencia de selección "Usabilidad del Bot"*

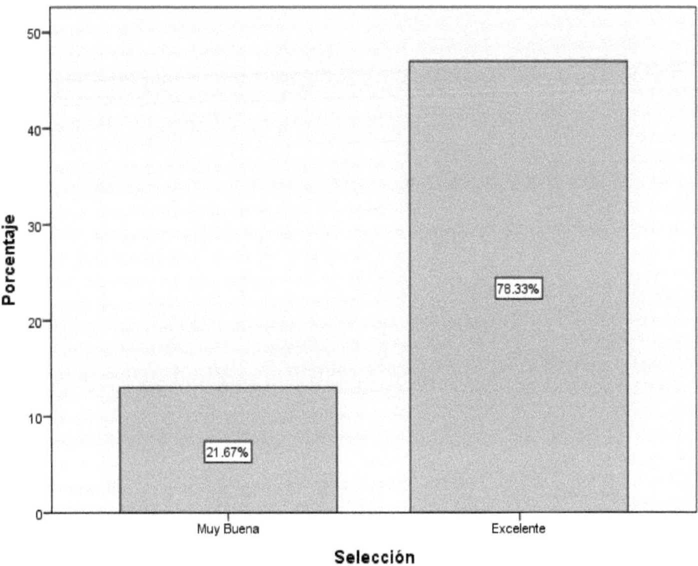

4.4.3 Resultados sobre la eficacia en el tratamiento

Este apartado se considera el punto medular de la investigación debido a que está directamente relacionado con la hipótesis de este documento asociada con los procesos de gestión del mismo, obedece a la finalización del tratamiento por parte de los pacientes de forma satisfactoria y para interpretar sus resultados se utilizó el cuestionario correspondiente a la eficacia en el tratamiento a cada paciente, con datos sobre la respuesta al tratamiento utilizando el Bot.

Este instrumento se respondió por el terapeuta al finalizar cada tratamiento, siempre respetando los tiempos establecidos para cada paciente en particular por lo que se pondrá a disposición de los profesionales una plataforma web para la captura de los resultados respecto al avance en cada paciente de esta forma agilizando el proceso de recabar datos.

Para determinar el nivel de eficacia del uso del Bot en apoyo al tratamiento para dejar de fumar se compararon los resultados de su implementación con los resultados obtenidos en años anteriores en Centros de Integración ubicados en distintos estados de la república mexicana en los cuales se utilizaron medios tradicionales en el tratamiento.

Dichos resultados junto con sus respectivas interpretaciones se encuentran publicados en el documento "SISTEMA INSTITUCIONAL DE EVALUACIÓN DE

PROGRAMAS DE TRATAMIENTO EVALUACIÓN DE LA CLÍNICA PARA DEJAR DE FUMAR CIJ" el objetivo de este documento es el de "evaluar de manera retrospectiva los resultados del Programa de Tratamiento para dejar de fumar que se aplica a los pacientes que asisten a las unidades de atención de Centros de Integración Juvenil (Velázquez-Altamirano y Córdova-Alcaráz, 2020).

Como primer análisis comparativo, en la figura 20, se hace referencia a la Gráfica 1 del documento mencionado en el párrafo anterior en la cual menciona "De los pacientes que llegaron a la última sesión, la mayoría consumía antes del tratamiento hasta 10 cigarros al día (41.3%), poco más de la tercera parte fumaba de 11 a 20, la cuarta parte consumía de 21 a 30 y una proporción menor consumía más de 31 cigarros diariamente (4.7%)", en los resultados obtenidos de la aplicación del cuestionario "Eficacia en el Tratamiento".

Los terapeutas determinaron en promedio para la pregunta número 1 "Reducción del consumo en unidades por día" un 55% de Regular a Excelente según su experiencia de acuerdo a la reducción de consumo en cada paciente, por lo que más de la mitad de los pacientes presentaron un avance significativo en cuanto a la reducción de consumo diario de cigarrillos.

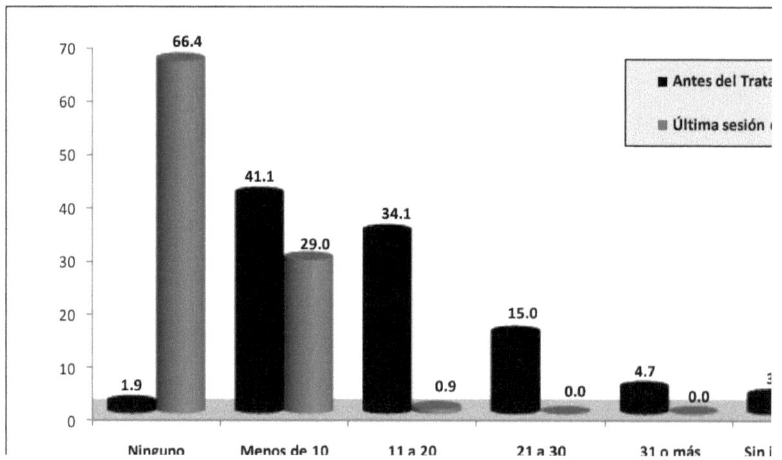

Nota. Tomado de (Velázquez-Altamirano y Córdova-Alvaráz, 2020, p.x. 10).

La pregunta 9 "De forma general cual fue el avance del paciente con este tratamiento", también hace referencia al avance presentado de acuerdo a la opinión del terapeuta sobre cada paciente, en esta pregunta se obtuvo que un 56.67% de los pacientes, tuvieron avances generales en todo el tratamiento teniendo en cuenta el uso del Bot.

Comparando los resultados Tudor Sfetea et al. (2018), reporta en su estudio como resultados la reducción de consumo diario en un 53%, cifra un poco menor que la representada en el presente estudio, en cambio Lin et al. (2018), reporta un 59.6% en cuanto a la reducción del consumo diario por unidad de tabaco,

172

analizando los tres resultados, se puede argumentar que el Bot, en promedio, se encuentra dentro del rango de los resultados reportados por otros autores, si bien los estudios son similares, en el presente estudio se añadieron otros reactivos para reforzar el análisis de la eficacia del Bot en el tratamiento para dejar de fumar.

Se incluyeron otra serie de preguntas dentro del cuestionario "efectividad del tratamiento "(2, 3, 4, 5, 6, 7 y 8), las cuales están relacionadas directamente con el tema mencionado en esta sección, en las cuales de forma general se obtuvo un porcentaje admisible de aceptación y gestión en el tratamiento, el 59.29% de las respuestas a las preguntas anteriores en promedio fueron marcadas de Regular a Excelente, a continuación, se detalla el resultado de cada una de ellas en la tabla 39.

Tabla 39 *Resultados obtenidos del Cuestionario eficacia en el tratamiento*

Pregunta	Respuestas positivas	Respuestas negativas
El uso del tiempo dedicado al tratamiento fue	65%	33.33%
Reducción del tiempo de consumo	61.67%	36.67%
Reducción de incidencias	51.67%	46.60%
Aumento de terapias éxito	66.67%	30%

Reducción de terapias cero	56.67%	41.67%
Reducción de extravió de bitácoras	60%	40%
Reducción de llenado incorrecto de bitácoras	53.33%	46.67%

Fuente: Elaboración propia

En esta dimensión, relacionada a las gestiones complementarias en el tratamiento contra el tabaquismo se obtuvieron porcentajes ligeramente positivos en cada uno de los ítems a diferencia de los resultados mayormente positivos obtenidos en el estudio de Tudor Sfetea et al. (2018), en el cual manifiestan que su deseo de continuar usando la aplicación es de 67% de las personas y que recomendarían la aplicación a otra persona llega hasta el 73%

Por su parte Alsharif y Philip (2015), reportan en su estudio, que la aplicación móvil que diseñaron obtuvo los siguientes porcentajes de aceptación; gráficas de progreso 90%, alertas y notificaciones 57,6%, videos informativos, material educativo, retroalimentación de médicos y de exfumadores 88,4%, ayuda en general, teléfono de ayuda 77%, seguir con la aplicación al finalizar tratamiento 73%.

Partiendo de estos resultados podría afirmarse que el Bot de Telegram utilizado en el presente estudio cumplió con la gestión y administración para atender el tratamiento contra el tabaquismo, es decir apoyo en las labores administrativas y de organización de la información, aligerando los trabajos de los terapeutas y profesionales de la salud así como con el control de registros por parte de los usuarios, en cuanto a los resultados relacionados con la eficacia en el tratamiento no tuvo un impacto considerable asociado a la reducción en el consumo por día.

En lo relacionado a la concurrencia en la selección de respuestas por parte de los terapeutas asociados a el avance y seguimiento, respecto al tratamiento contra el tabaquismo se expresa en la figura 21, se obtuvo un mayor número de selección en las opciones "Pésima" y "regular"

Figura 21 *Total, respuestas seleccionadas por los terapeutas en el cuestionario "Eficacia en el tratamiento"*

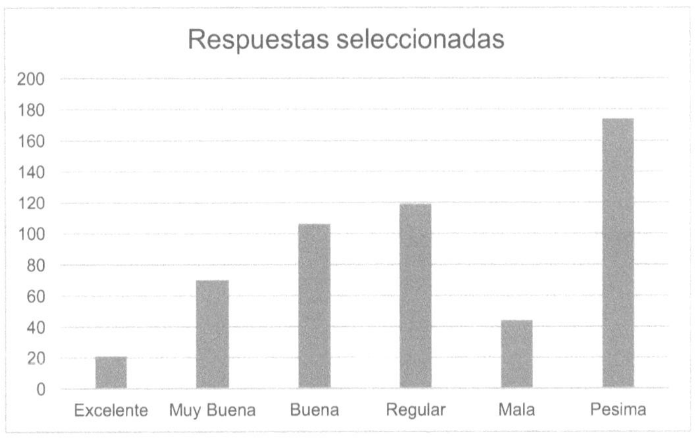

Nota. **Elaboración Propia (Velázquez, 2022).**

175

En la figura 22, se expresan los porcentajes obtenidos tomando en cuenta la sumatoria de selección de las opciones catalogadas como positivas; "Excelente", "Muy Buena" y "Buena", se puede considerar que la eficacia en el tratamiento en términos generales, resulto satisfactoria para el 37% de los pacientes, mientras que para el 63% restante se considera que sus avances fueron de regulares a nulos.

Figura 22 *Porcentaje, respuestas seleccionadas por los terapeutas en el cuestionario "Eficacia en el tratamiento"*

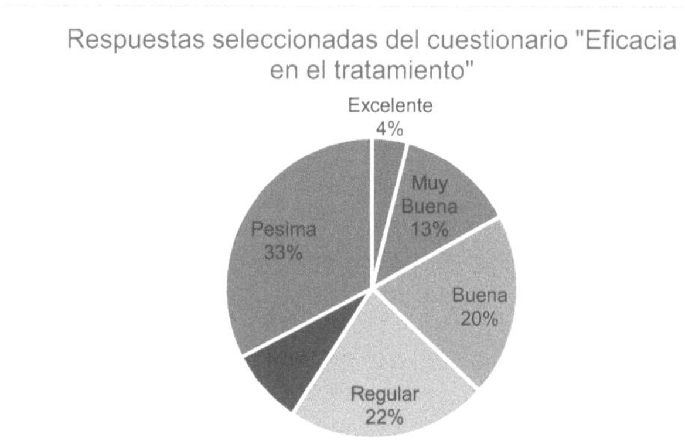

Nota. Elaboración Propia (Velázquez, 2022).

A continuación, en la tabla 40, se presentan las tendencias de selección del presente cuestionario, haciendo referencia a los promedios de selección por terapeuta en cuanto a su opinión sobre la eficacia en el tratamiento en cada uno de los pacientes, claramente se aprecia una tendencia dominante sobre la consideración general de cada terapeuta representada por los parámetros de "Regular" en primer lugar y "Buena" en el segundo.

Tabla 40 *Tendencia de selección "Eficacia en el tratamiento"*

		Frecuencia	Porcentaje	Porcentaje válido	Porcentaje acumulado
Válido	Pésima	6	10.0	10.0	10.0
	Mala	5	8.3	8.3	18.3
	Regular	24	40.0	40.0	58.3
	Buena	15	25.0	25.0	83.3
	Muy buena	9	15.0	15.0	98.3
	Excelente	1	1.7	1.7	100.0
	Total	60	100.0	100.0	

Nota. Elaboración propia.

La figura 23, representa gráficamente las selecciones dominantes en el cuestionario "Eficacia den el tratamiento", destacando predominante mente la opción "Regular".

Figura 23 *Gráfico sobre la tendencia de selección "Eficacia en el tratamiento"*

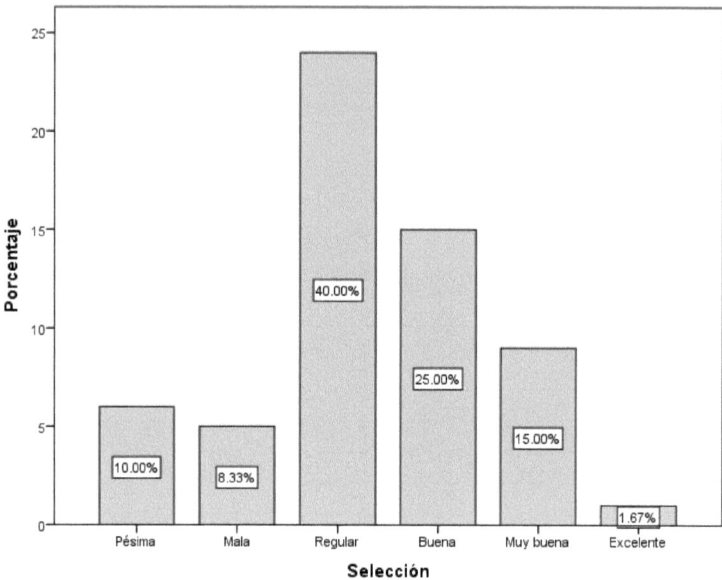

Nota. Elaboración Propia (Velázquez, 2022).

4.4.4 Resultados sobre la usabilidad de la plataforma Web

En este apartado se muestran los resultados obtenidos expresados de acuerdo a la satisfacción por parte de los terapeutas, del sitio web que les permitió complementar el uso del Bot en la gestión del tratamiento para dejar de fumar, este sitio les permitió realizar consultas por paciente, historial y registros añadidos por los pacientes.

Para efectuar este análisis se tomó en cuenta el logro para finalizar tareas y la satisfacción de los usuarios mientras las realizan.

Si los usuarios consiguen realizar lo que desean dentro del sitio, no les cuesta demasiado tiempo hacerlo, perciben cierta facilidad para ejecutar acciones, por lo regular no cometen muchos errores y tienen un grado alto de dominio de la aplicación después de usarla, entonces el producto de software se considera usable. (MEX-ALVAREZ et al., s/f).

Estas métricas fueron evaluadas en el cuestionario de usabilidad de la plataforma web (véase anexo 4), por medio de 10 preguntas las cuales se dividieron en 2 secciones: la primera haciendo referencia a resaltar cuestiones positivas del sitio, y la segunda para hacer mención a posibles cuestiones negativas encontradas en el funcionamiento o apariencia del sitio, este cuestionario se aplicó a 5 personas las cuales fueron las únicas que utilizaron el sitio.

Para la primera sección se utilizaron los siguientes reactivos obteniendo los siguientes resultados:

Pregunta 1, creo que me gustará visitar con frecuencia este sitio Web. El 80% de los encuestados seleccionaron las opciones "Estoy de acuerdo" y "Estoy muy de Acuerdo", el 20% seleccionó la opción "Un poco de acuerdo", en este reactivo hace referencia a la intención personal de volver a visitar el sitio web de acuerdo a la percepción que pudieron haber percibido en visitas anteriores, por lo que se determina que la frecuencia en cuanto a regresar a visitar la página o no con muy buena aceptación, los porcentajes totales y la frecuencia de cada rango se expresan en la tabla 41.

Tabla 41 *Estadísticos descriptivos y frecuencias relacionadas con la pregunta 1 del cuestionario "Usabilidad de la plataforma Web"*

		Frecuencia	Porcentaje	Porcentaje válido	Porcentaje acumulado
	Visitar sitio Web				
Válido	Un poco de acuerdo	1	20.0	20.0	20.0
	De acuerdo	2	40.0	40.0	60.0
	Estoy muy de acuerdo	2	40.0	40.0	100.0
	Total	5	100.0	100.0	

Nota. Elaboración propia.

Pregunta 5, encontré las diversas posibilidades del sitio Web bastante bien integradas. De los encuestados el 60% determino que "Estoy de acuerdo" y el 20% selecciono la opción "Estoy muy de acuerdo" en la situación planteada, sumando un total de 80% en las reacciones positivas, a diferencia de otros estudios de usabilidad donde se evalúa las opciones integradas donde el 71% de los encuestados considera que la estructura de la página y la información que contiene cada sección es suficiente mente clara (Serrano Mascaraque, 2009), con ese nivel de porcentaje el autor considera que su página web es usable debido a que los usuarios encuentran con facilidad las distintas opciones integradas mediante la interfaz completa de su sitio web, por lo tanto, la plataforma web que da soporte a los trabajos del Bot cumple con las expectativas del autor mencionado.

En la tabla 42, se determina que la frecuencia en cuanto a regresar a visitar la página o no, está establecida con muy buena aceptación, además de los porcentajes totales y la frecuencia de cada rango.

Tabla 42 *Estadísticos descriptivos y frecuencias relacionadas con la pregunta 5 del cuestionario "Usabilidad de la plataforma Web"*

		Posibilidades integradas			
		Frecuencia	Porcentaje	Porcentaje válido	Porcentaje acumulado
Válido	Un poco de acuerdo	1	20.0	20.0	20.0
	De acuerdo	3	60.0	60.0	80.0
	Estoy muy de acuerdo	1	20.0	20.0	100.0
	Total	5	100.0	100.0	

Nota. Elaboración propia.

Pregunta 7, Imagino que la mayoría de las personas aprenderían muy rápidamente a utilizar el sitio Web, este tópico relacionado con la percepción de cada encuestado sobre la rapidez que considera para aprender a manejar el sitio, resulto en los siguientes porcentajes, el 40% seleccionó "Estoy muy de acuerdo" y otro 40% seleccionó "Estoy de acuerdo", sumando en total un 80% de aceptación.

A diferencia de los resultados obtenidos por Serrano Mascaraque (2009), donde encontró en un item similar que el 42% de los participantes considera que el acceso a la información y la rapidez para manejarse en el sitio es similar empleando diferentes tipos de navegadores, sin encontrar diferencias ni dificultades para realizarlo.

Por lo tanto, se determina que la frecuencia en cuanto a la rapidez de aprendizaje del sitio web, está establecida con muy buena aceptación, los porcentajes totales y la frecuencia de cada rango se expresan en la tabla 43.

Tabla 43 *Estadísticos descriptivos y frecuencias relacionadas con la pregunta 7 del cuestionario "Usabilidad de la plataforma Web"*

	Velocidad de aprendizaje			
	Frecuencia	Porcentaje	Porcentaje válido	Porcentaje acumulado
Válido Un poco de acuerdo	1	20.0	20.0	20.0
De acuerdo	2	40.0	40.0	60.0
Estoy muy de acuerdo	2	40.0	40.0	100.0
Total	5	100.0	100.0	

Nota. Elaboración propia.

Pregunta 9, me sentí muy confiado en el manejo del sitio Web. El 100% de los encuestados están de acuerdo en algún nivel de convencimiento con la cuestión planteada, por consiguiente, se determina que la frecuencia en cuanto a la rapidez de aprendizaje del sitio web, está establecida con muy buena aceptación, los porcentajes totales y la frecuencia de cada rango se expresan en la tabla 44.

Tabla **44** *Estadísticos descriptivos y frecuencias relacionadas con la pregunta 9 del cuestionario "Usabilidad de la plataforma Web"*

		Frecuencia	Porcentaje	Porcentaje válido	Porcentaje acumulado
Confianza en el manejo del sitio web					
Válido	Un poco de acuerdo	1	20.0	20.0	20.0
	De acuerdo	3	60.0	60.0	80.0
	Estoy muy de acuerdo	1	20.0	20.0	100.0
	Total	5	100.0	100.0	

Nota. Elaboración propia.

Para la segunda parte relacionada con posibles puntos negativos encontrados en la plataforma en general se obtuvieron en promedio los siguientes resultados para las preguntas 2, 3, 4, 6, 8 y 10:

- El 60% selecciono "No estoy en absoluto de acuerdo"

- El 20% selecciono "No estoy de acuerdo"

- El 16.67% "Algo en desacuerdo"

- El 3.33% "Un poco de acuerdo"

Pregunta 2, encontré el sitio Web nada complejo, hace referencia la facilidad de manejo y navegación percibidas por parte del usuario, en la cual la suma de los porcentajes obtenidos por medio de la selección de los usuarios resulto ser de 100%, en contraparte los resultados obtenidos por Serrano Mascaraque (2009), determinaron que existen elementos en su página web que dificultan la navegación o el sistema de navegación es difícil de utilizar encontrando que un 30% de los encuestados considera que existen elementos que dificultan la navegación, ya sea por la mala distribución de elementos, la publicidad del sitio o porque algunos otros elementos se superponen a los principales.

Por lo tanto, se determina que la frecuencia en cuanto a la percepción de complejidad dentro del sitio web, está establecida con muy buena aceptación, los porcentajes totales y la frecuencia de cada rango se expresan en la tabla 45.

Tabla 45 *Estadísticos descriptivos y frecuencias relacionadas con la pregunta 2 del cuestionario "Usabilidad de la plataforma Web"*

		Frecuencia	Porcentaje	Porcentaje válido	Porcentaje acumulado
Sitio Web nada complejo					
Válido	De acuerdo	1	20.0	20.0	20.0
	Estoy muy de acuerdo	4	80.0	80.0	100.0
	Total	5	100.0	100.0	

Nota. Elaboración propia.

Pregunta 3, es relativamente fácil usar el sitio Web, hace referencia a la facilidad de manejo y navegación percibidas por parte del usuario, al igual que la pregunta anterior se relaciona con la percepción de facilidad en el manejo percibidas por los usuarios, en la cual la suma de los porcentajes obtenidos por medio de la selección de los usuarios resulto ser de 100%, en concordancia con los resultados obtenidos por Serrano Mascaraque (2009), un 64% de los encuestados en su estudio determinaron que este porcentaje de usuarios llega a la mayoría de las

opciones con dos clics, explica que esto puede deberse a la experiencia previo o a

fácil integración de aptitudes relacionadas con las tareas de su sitio web.

Por lo tanto, se determina que la frecuencia en cuanto a la percepción de

facilidad al usar el sitio web, está establecida con muy buena aceptación, los

porcentajes totales y la frecuencia de cada rango se expresan en la tabla 46.

Tabla 46 *Estadísticos descriptivos y frecuencias relacionadas con la pregunta 3 del cuestionario*
"Usabilidad de la plataforma Web"

Facilidad al utilizar el web site				
		Frecuencia	Porcentaje	Porcentaje válido	Porcentaje acumulado
Válido	De acuerdo	2	40.0	40.0	40.0
	Estoy muy de acuerdo	3	60.0	60.0	100.0
	Total	5	100.0	100.0	

Nota. Elaboración propia.

Pregunta 4, no necesito el apoyo de un experto para recorrer el sitio Web,

hace referencia a la facilidad de manejo y navegación sin necesidad de una

capacitación previa, al igual que las dos preguntas anteriores se relaciona con la

percepción de facilidad en el manejo percibidas por los usuarios, en este item, la

suma de los porcentajes obtenidos por medio de la selección de los usuarios resulto

ser de 100%.

Por lo tanto, se determina que la frecuencia en cuanto a la percepción de facilidad al usar el sitio web, está establecida con muy buena aceptación, los porcentajes totales y la frecuencia de cada rango se expresan en la tabla 47.

Tabla 47 *Estadísticos descriptivos y frecuencias relacionadas con la pregunta 4 del cuestionario "Usabilidad de la plataforma Web"*

		Capacitación no necesaria			
		Frecuencia	Porcentaje	Porcentaje válido	Porcentaje acumulado
Válido	De acuerdo	1	20.0	20.0	20.0
	Estoy muy de acuerdo	4	80.0	80.0	100.0
	Total	5	100.0	100.0	

Nota. Elaboración propia.

Pregunta 6, hay consistencia en el sitio Web, hace referencia a la percepción por parte de los usuarios sobre la congruencia y la concordancia entre todos sus elementos, en este item, la suma de los porcentajes obtenidos por medio de la selección de los usuarios en cuanto a las opciones seleccionadas resulto ser de 80%.

Por lo tanto, se determina que la frecuencia en cuanto a la percepción de consistencia en el sitio web, está establecida con buena aceptación, los porcentajes totales y la frecuencia de cada rango se expresan en la tabla 48.

Tabla 48 *Estadísticos descriptivos y frecuencias relacionadas con la pregunta 6 del cuestionario "Usabilidad de la plataforma Web"*

Consistencia en el sitio web

		Frecuencia	Porcentaje	Porcentaje válido	Porcentaje acumulado
Válido	Un poco de acuerdo	1	20.0	20.0	20.0
	De acuerdo	1	20.0	20.0	40.0
	Estoy muy de acuerdo	3	60.0	60.0	100.0
	Total	5	100.0	100.0	

Nota. Elaboración propia

Pregunta 8, encontré el sitio Web atractivo visualmente, hace referencia a la percepción por parte de los usuarios sobre la condición de si un sitio web es agradable a la vista, en este ítem, la suma de los porcentajes obtenidos por medio de la selección de los usuarios en cuanto a las opciones seleccionadas resulto ser de 60%.

Según los resultados de Serrano Mascaraque (2009), el contenido de las páginas web deberían poder visualizarse correctamente y ser agradables a la vista ya que esto determina la permanencia del usuario en el sitio web, en su estudio obtuvieron que un 34% está de acuerdo en esta característica.

Por lo tanto, se determina que la frecuencia en cuanto a la percepción de atractivo visual en la página web del presente estudio, está establecida con buena aceptación, los porcentajes totales y la frecuencia de cada rango se expresan en la tabla 49.

Tabla 49 *Estadísticos descriptivos y frecuencias relacionadas con la pregunta 8 del cuestionario "Usabilidad de la plataforma Web"*

		Frecuencia	Porcentaje	Porcentaje válido	Porcentaje acumulado
Atractivo visual					
Válido	Algo en desacuerdo	1	20.0	20.0	20.0
	Un poco de acuerdo	1	20.0	20.0	40.0
	Estoy muy de acuerdo	3	60.0	60.0	100.0
	Total	5	100.0	100.0	

Nota. Elaboración propia.

Pregunta 10, no necesito aprender muchas cosas antes de manejarme en el sitio Web, hace referencia a la percepción por parte de los usuarios sobre la condición de si el sitio web puede ser manipulado por personas sin conocimientos previos en computación, en este item, la suma de los porcentajes obtenidos por medio de la selección de los usuarios en cuanto a las opciones seleccionadas resulto ser de 40%.

Según los resultados de Serrano Mascaraque (2009), el contenido de las páginas web deberían poder visualizarse correctamente y ser agradables a la vista ya que esto determina la permanencia del usuario en el sitio web, en su estudio obtuvieron que un 34% está de acuerdo en esta característica.

Por lo tanto, se determina que la frecuencia en cuanto a la percepción de necesidad capacitación en para el uso de la página web del presente estudio, está establecida con aceptación regular, los porcentajes totales y la frecuencia de cada rango se expresan en la tabla 50.

Tabla 50 *Estadísticos descriptivos y frecuencias relacionadas con la pregunta 10 del cuestionario "Usabilidad de la plataforma Web"*

No necesito aprender muchas cosas antes de manejarme en el website				
		Frecuencia	Porcentaje	Porcentaje válido	Porcentaje acumulado
Válido	Un poco de acuerdo	3	60.0	60.0	60.0
	De acuerdo	1	20.0	20.0	80.0
	Estoy muy de acuerdo	1	20.0	20.0	100.0
	Total	5	100.0	100.0	

Nota. Elaboración propia.

En resumen, el nivel de aceptación por parte de los usuarios hacia el portal web es de 87.66%, siguiendo algunas métricas para evaluar la usabilidad de un sitio, las cuales mencionan que, al tener un grado alto de aceptación, influyen la satisfacción del usuario, el correcto y eficiente desempeño del trabajo es lo que determina el grado de aceptación de un producto y por tanto su usabilidad (Cancio y Bergues, 2013).

La concurrencia en la selección de respuestas por parte de los pacientes se expresa en la figura 24, obteniendo un mayor número de selecciones las opciones "Excelente" y "Muy buena".

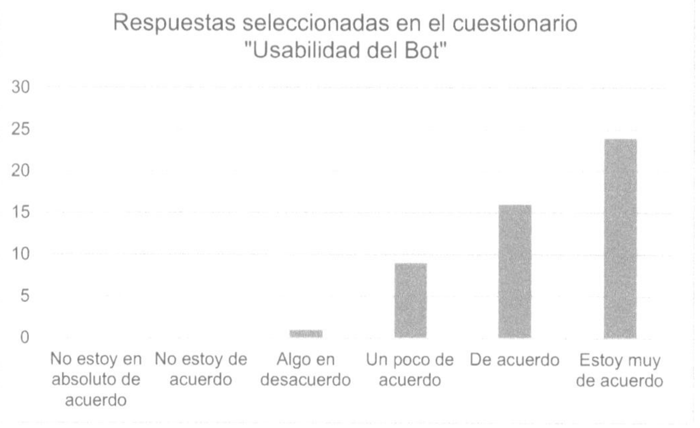

Nota. Elaboración Propia (Velázquez, 2022).

Tomando en consideración la sumatoria de selección de las opciones consideradas como positivas; "Estoy muy de acuerdo", "De acuerdo" y "Un poco de acuerdo", podemos considerar que el nivel de usabilidad en la plataforma Web en términos generales, fue considerado de "Alta" a "Muy alta" para el 98% de los pacientes mientras que para el 2% restante se considera regular en las dimensiones evaluadas, como lo muestra la figura 25.

Figura 25 *Porcentaje, respuestas seleccionadas por los terapeutas en el cuestionario "Usabilidad de la plataforma Web"*

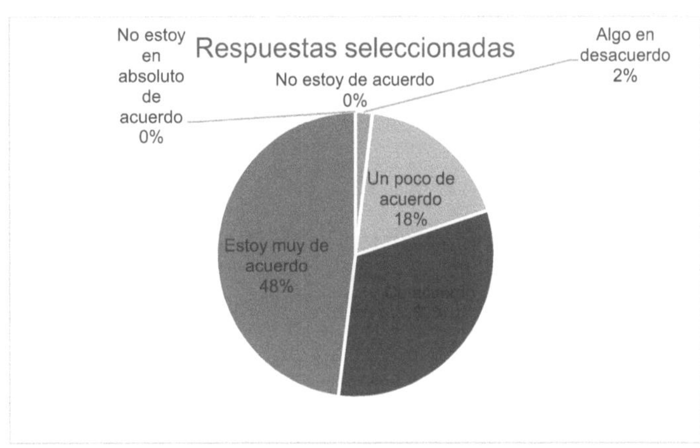

Nota. Elaboración Propia (Velázquez, 2022).

A continuación, en la tabla 51, se presentan las tendencias de selección del presente cuestionario, haciendo referencia a los promedios de selección por terapeuta en cuanto a su opinión sobre la usabilidad de la plataforma Web, claramente se aprecia una tendencia dominante sobre la consideración general de cada terapeuta representada por los parámetros de "De acuerdo" en segundo lugar y "Estoy muy de acuerdo" en el primero, no se muestran otras selecciones por contar con un porcentaje de cero.

Tabla 51 *Tendencia de selección cuestionario "Usabilidad de la plataforma web"*

		Frecuencia	Porcentaje	Porcentaje válido	Porcentaje acumulado
Válido	De acuerdo	1	20.0	20.0	20.0
	Estoy muy de acuerdo	4	80.0	80.0	100.0

| | Total | 5 | 100.0 | 100.0 |

Nota. Elaboración propia.

La figura 26, representa gráficamente las selecciones dominantes en el cuestionario "Eficacia den el tratamiento", destacando predominantemente la opción "Estoy muy de acuerdo".

Figura 26 *Gráfico sobre la tendencia de selección "Usabilidad de la plataforma Web"*

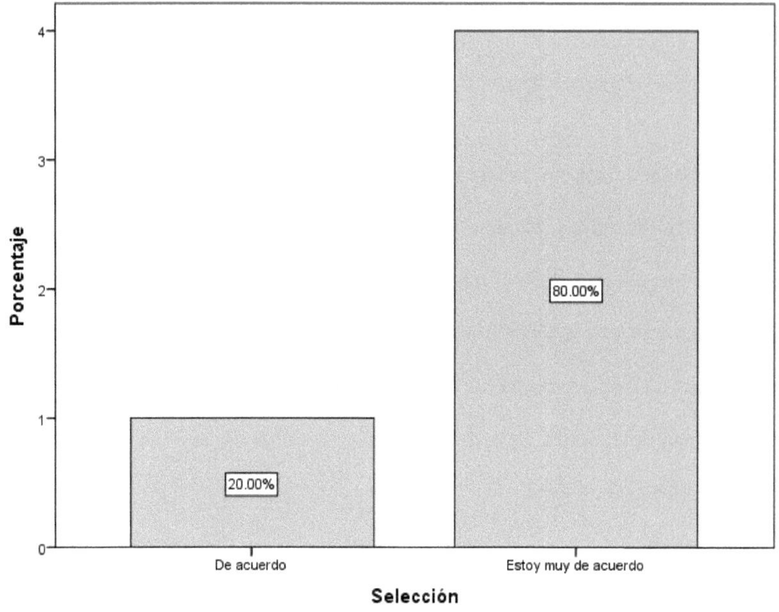

Nota. Elaboración Propia (Velázquez, 2022).

4.4.5 Resultados de las pruebas paramétricas

4.4.5.1 Pearson

La prueba de correlación de Pearson sirvió para determinar si "Existe" o "No existe" relación entre las dos variables implicadas en el presente estudio, dicha relación también se conoce como nivel de significación, en esta prueba se aplica el Coeficiente "r" de Pearson para determinar el grado de correlación.

Si el nivel de significación (Sig.) es igual o menor a 0.05, se considera que se tiene un nivel de confianza del 95%, por lo tanto, el grado del coeficiente de correlación "r" se considera "significativo".

Si el nivel de significación (Sig.) es menor o igual a 0.01, se considera que se tiene un nivel de confianza del 99%, por lo tanto, el grado del coeficiente de correlación "r" se considera "muy significativo".

En este caso se observa que el coeficiente de correlación de Pearson es de 0.106, por lo que se puede afirmar que en el ámbito de estudio existe una "correlación positiva muy baja", entre la dimensión "Reducción del consumo de tabaco" y "Bot para dispositivos móviles", porque el valor de significación es de 0.418, que se encuentra por debajo del 0.05 requerido, los detalles de estos valores se encuentran expresados en la tabla 52 y 53.

Tabla 52 *Estadísticos descriptivos entre las variables involucradas en el proyecto*

Estadísticos descriptivos		
	Media	Desviación estándar	N
Reducción de Consumo	26.0167	9.36183	60
Bot	68.2667	4.65729	60

Nota. Elaboración propia.

Tabla 53 *Total, respuestas seleccionadas por los pacientes en el cuestionario "Usabilidad del Bot"*

	Correlaciones	Reducción de Consumo	Bot
Reducción de Consumo	Correlación de Pearson	1	.106
	Sig. (bilateral)		.418
	N	60	60
Bot	Correlación de Pearson	.106	1
	Sig. (bilateral)	.418	
	N	60	60

Nota. Elaboración propia.

4.4.5.2 Regresión lineal

La función de regresión lineal es una función matemática que permite mostrar la relación de causalidad que existe entra las variables, mediante la relación: y = a + bx; donde "y" es la variable dependiente y "x" la variable independiente, el coeficiente de la correlación lineal permite determinar el grado de asociación que existe en las relaciones de dependencia de las variables consideradas, en otras palabras, mide la intensidad entre las variables que se están considerando en el análisis, a continuación, en la figura 27, se muestra el grafico correspondiente de dispersión de las variables en cuestión del presente estudio

Figura 27 *Gráfico de dispersión de las variables "Reducción del consumo" y "Bot para dispositivos móviles"*

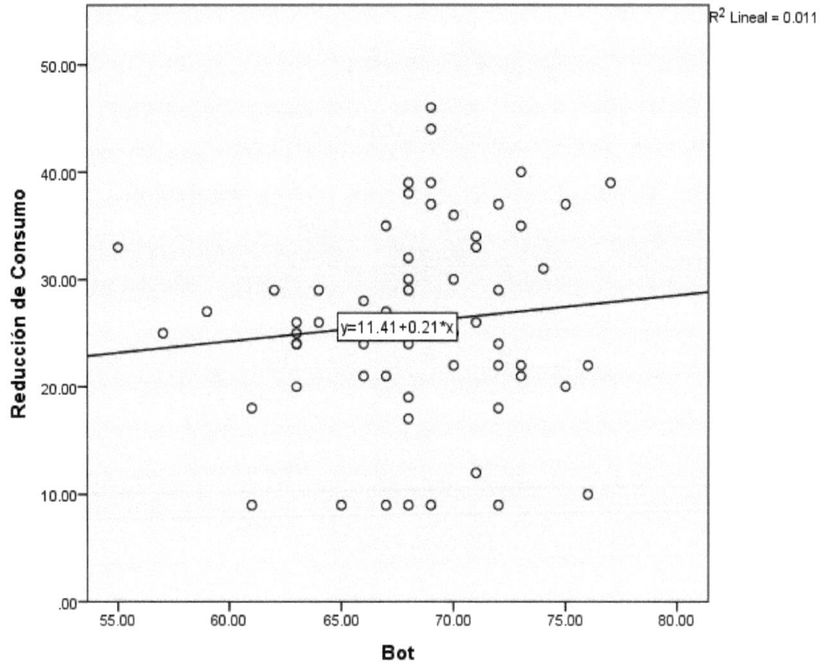

Nota. Elaboración Propia, Grafica de la función de regresión lineal y línea de ajuste central. (Velázquez, 2022).

Después de realizar los cálculos pertinentes se obtuvo un valor de la correlación entre las 2 variables de 0.106 considerado por Mason y Lind (1995), como una "correlación positiva débil", un valor de R positivo indica una correlación positiva, en la que los valores de las dos variables tienden a incrementarse juntos. Siguiendo con la interpretación de la tabla 54 el 1.1% es considerado como la reducción en el consumo, el 98.9% restante se atribuye a variables no consideradas en este estudio, los detalles de estos valores se encuentran expresados en la tabla antes mencionada.

Resumen del modelo			
Modelo	R	R cuadrado	R cuadrado ajustado	Error estándar de la estimación
1	.106ª	.011	-.006	9.38858
a. Predictores: (Constante), Bot			

Nota. Elaboración propia.

La función de regresión lineal se expresa con los valores obtenidos de los coeficientes no estandarizados (B) de la tabla 55:

$y = 11.415 + 0.214x$

donde y =0.011

La grafica de la función anterior y su línea de ajuste central están representadas en la figura 27.

Coeficientesª					
	Coeficientes no estandarizados		Coeficientes estandarizados		
Modelo	B	Error estándar	Beta	t	Sig.
1 (Constante)	11.415	17.957		.636	.528

Bot	.214	.262		.106	.815	.418
a. Variable dependiente: Reducción de Consumo						

CAPITULO V CONCLUSIONES

5.1 Conclusiones

En la presente tesis se diseñó, implementó y validó experimentalmente una herramienta de soporte denominada Bot para el tratamiento para dejar de fumar del Centro de Integración Juvenil Zacatecas la herramienta aproxima el diseño de una nueva aplicación al generar una implementación y gestión del tratamiento, la cual deberá ser refinada y actualizada de acuerdo a los nuevos estándares del Centro para obtener un sistema totalmente funcional que cumpla con todos los requerimientos de los usuarios.

El objetivo de la herramienta de soporte denominada Bot fue apoyar en el tratamiento para dejar de fumar y en el manejo de bitácoras e información de los pacientes para los médicos tratantes, reduciendo los tiempos necesarios y facilitando el desarrollo de dichas actividades, alineado a los objetivos del presente documento; "Determinar el impacto que tiene el uso de un Bot de Telegram para la gestión de los pacientes en tratamiento contra el tabaquismo", se puede concluir que los objetivos se alcanzaron de forma parcial debido a la poca correlación que presentan las variables de estudio, es decir al minino impacto que tuvo el Bot sobre el tratamiento contra el tabaquismo, que si bien resulta positivo no resultó mayormente significante.

Por tanto, se rechaza la hipótesis general "El uso de un Bot de Telegram aumenta el impacto en la gestión del tratamiento contra el tabaquismo.", y se acepta la hipótesis alternativa "El uso de un Bot de Telegram aumenta parcialmente el impacto en la gestión del tratamiento contra el tabaquismo.", si bien el impacto de la herramienta sobre el tratamiento no fue lo esperado, es decir la reducción del consumo de tabaco comparada con métodos tradicionales no tuvo una mejora significativa, si impactó en el sentido de las labores de administración del tratamiento, aligerando la carga de trabajo de los profesionales de la salud y resguardando los registros que genera cada paciente como parte de su tratamiento.

Respecto pues a los resultados obtenidos, si bien se obtuvo una respuesta favorable, es posible que pueda mejorarse para brindar una mejor atención y abarcar más nichos de oportunidad presentes en esta institución, por desgracia la falta de presupuesto y la rotación constante de personal dificultan el seguimiento y retrasan la evolución de la misma, dado que los médicos tratantes evaluaron de manera sobresaliente la aplicación, se puede concluir que se consiguió el objetivo de mejorar los procesos de gestión de los pacientes en tratamiento contra el tabaquismo.

Aunado a lo anterior, la herramienta incorporó diversas tecnologías y lenguajes de programación en su implementación todas ellas de uso libre y documentado pensando en posibles adaptaciones, evaluaciones, valoraciones y actualizaciones futuras.

En 2018 cuando fue implementada esta herramienta aun no existían muchas aplicaciones similares por lo que los usuarios aún no estaban acostumbrados a utilizar este tipo de interacción por medio de mensajería instantánea y menos aún con un sistema semi automático de respuestas.

El mínimo incremento en la efectividad del tratamiento utilizando esta herramienta según los instrumentos aplicados se debió en gran medida a la resistencia utilizada por pacientes y terapeutas hacia el uso de nuevas tecnologías.

A la fecha (2023) existen multitudes de Bots en prácticamente todos los sistemas de ayuda de los grandes sitios Web de cadenas comerciales, instituciones bancarias y de una infinidad de giros, esto simplifica el trabajo del área de soporte y canaliza la ayuda más eficientemente, por lo que esta aplicación se considera punta de lanza en este tipo de tecnología.

La herramienta propuesta permite la incorporación de distintas tecnologías emergentes de implementación, aplicación y ejecución aprovechando sus bondades, pero sobre todo sus capacidades sin mencionar que todas son herramientas libres y con gran soporte en la red.

En definitiva, la posibilidad de incluir diferentes arquitecturas de software multiplataforma, y de diferentes lenguajes de programación, permite programar la herramienta propuesta para otras líneas de la institución.

5.2 Recomendaciones

1. Se recomienda implementar el uso del Bot en otras sedes con un mayor número participantes a fin de enriquecer la muestra, con el objetivo de obtener mayor precisión en los resultados de acuerdo a los instrumentos utilizados, con la finalidad de evaluar el desempeño del Bot en comparación a los métodos de tratamiento tradicionales.

2. Enriquecer los instrumentos con el fin de abarcar todas las dimensiones involucradas y así tener un método de evaluación actualizado y más acorde con las nuevas tendencias en tratamientos y costumbres de los usuarios.

3. Se recomienda ahondar en documentación sobre tabaquismo para enriquecer la base de conocimientos del Bot y así brindar una mejor experiencia de uso al tener una comunicación más natural, amplia y enriquecida.

4. Extender la cantidad de pruebas al Bot considerando distintos escenarios de ejecución para tener un parámetro más preciso sobre su desempeño, consumo de datos y rendimiento en general.

5. Se recomienda consultar bibliografía actualizada sobre nuevos desarrollos a nivel internacional, relacionados con el uso de Bots en cuestiones médicas, pero más específicamente los utilizados contra el tabaquismo.

5.3 Futuras líneas de Investigación

La utilización de un Bot para mejorar el impacto en el tratamiento contra el tabaquismo representa un sistema novedoso que permite gestionar con mayor facilidad la administración del tratamiento, sin embargo, no existe evidencia lo suficientemente fuerte como para argumentar que es un medio exitoso para culminar con resultados favorables, esto supone un reto para las futuras aplicaciones en la cuales se tenga como referencia la implementación de un Bot como apoyo a dichas tareas, debido a que tendrán que cumplir estándares y lineamientos establecidos por entidades especializadas y tradicionalistas que muchas veces no dan oportunidad a este tipo de tecnologías.

No hay que olvidar que este tipo de aplicaciones móviles son consideradas económicas, actualizables y accesibles para la mayoría de las personas que posean un teléfono inteligente, por lo que el desarrollo de nuevas versiones debería obedecer a las siguientes líneas de investigación futuras:

1. Desarrollo de nuevas aplicaciones centradas en el usuario, pero basados en la evidencia científica de los tratamientos.
2. Ampliar los desarrollos a nuevas plataformas para que resulten más accesibles a los usuarios.
3. Implementar dentro de la programación del Bot, medios de comunicación por lenguaje natural, como reconocimiento de voz.

4. Capacitación a los profesionales de la salud para que vean la herramienta como apoyo y no como limitante.

5. Fortalecer los métodos de medición de impacto en la efectividad de los tratamientos, a manera de tener un sustento solido sobre el uso de este tipo de aplicaciones.

Bibliografía

Adenowo, A. A., & Adenowo, B. A. (2013). Software engineering methodologies: A review of the waterfall model and object-oriented approach. *International Journal of Scientific & Engineering Research*, 4(7), 427–434.

Alemán Cortes, A. V. (2017). *Aplicación móvil para la prevención de las adicciones en el contexto de la UCLV* [PhD Thesis]. Universidad Central "Marta Abreu" de Las Villas.

Alfonseca, M. (2014). *¿Basta la prueba de Turing para definir la "inteligencia artificial"?*

Anderson, P., y Montero, B. (2021). *Aplicación móvil para promoción de la salud oral* [B.S. thesis]. Universidad Nacional de Chimborazo.

Arias, D., y Vela, H. (2015). Aplicación de la teoría del color y técnicas responsive web design en el desarrollo de aplicaciones front-end. *es. En: pág, 77.*

Arias Gonzáles, J. L., y Covinos Gallardo, M. (2021). *Diseño y metodología de la investigación.*

Ávila-Tomás, J. F., Espinosa, E. O., Lorenzo, C. M., Suberviola, F. J. M., Pardo, B. M., Serrano, M. E. S., Güeto-Rubio, M. V., & Dej, G. (2020). Dejal@ Bot: Un chatbot aplicable en el tratamiento de la deshabituación tabáquica. *Revista de Investigación y Educación en Ciencias de la Salud (RIECS)*, 5(1), 33–41.

Bacilio Ruiz, A. (2021). *Evaluación del uso de un Chatbot para el seguimiento en un ensayo clínico de profilaxis frente al COVID-19 en personal de salud.*

Baena Paz, G. (2017). *Metodología de la investigación.* Grupo editorial patria.

Balaguera, Y. D. A. (2013). Metodologías ágiles en el desarrollo de aplicaciones para dispositivos móviles. Estado actual. *Revista de Tecnología, 12*(2), 111–123.

Barker Maillard, C. (2019). *Evaluación y desarrollo de sistema de asistencia virtual sobre sexualidad en base a herramientas de inteligencia artificial para apoyar la labor educacional en escolares.*

Benito Rodríguez, M. (2018). *Depósito y almacenamiento de archivos en Telegram.*

Betjeman, T. J., Soghoian, S. E., & Foran, M. P. (2013). MHealth in sub-Saharan Africa. *International journal of telemedicine and applications, 2013.*

Bistarelli, S., Fioravanti, F., Peretti, P., & Santini, F. (2012). Evaluation of complex security scenarios using defense trees and economic indexes. *Journal of Experimental & Theoretical Artificial Intelligence, 24*(2), 161–192.

Blanco, A., Sandoval, R. C., Martínez-López, L., & Caixeta, R. de B. (2017). Diez años del Convenio Marco de la OMS para el Control del Tabaco: Avances en las Américas. *salud pública de méxico, 59*, 117–125.

Bonet, L., Izquierdo, C., Escartí, M. J., Sancho, J. V., Arce, D., Blanquer, I., & Sanjuan, J. (2017). Utilización de tecnologías móviles en pacientes con psicosis: Una revisión sistemática. *Revista de Psiquiatría y Salud Mental, 10*(3), 168–178.

Bourke, J., Kirby, A., & Doran, J. (2016). *Survey & Questionnaire Design.* Cork, IRL: NuBooks.

Briz Ponce, L. (2016). *Análisis de la efectividad en las Aplicaciones m-health en dispositivos móviles dentro del ámbito de la formación médica.*

Caballero, A. (2014). *Metodología integral innovadora para planes y tesis.* CENGAGE Learning.

Caballo Trebol, Á. (2013). Medición de riesgo de crédito: Desarrollo de una nueva herramienta. *Medición de riesgo de crédito,* 1–195.

Cabrera Mendoza, N. I., Castro Enriquez, P. P., Demeneghi Marini, V. P., Fernández Luque, L., Morales Romero, J., Sainz Vazquez, L., & Ortiz León, M. C. (2014). mSalUV: Un nuevo sistema de mensajería móvil para el control de la diabetes en México. *Revista Panamericana de Salud Pública, 35,* 371–377.

Cahn, J. (2017). CHATBOT: Architecture, design, & development. *University of Pennsylvania School of Engineering and Applied Science Department of Computer and Information Science.*

Cancio, L. P., y Bergues, M. M. (2013). Usabilidad de los sitios Web, los métodos y las técnicas para la evaluación. *Revista Cubana de Información en Ciencias de la Salud*, 24(2), Art. 2. http://www.rcics.sld.cu/index.php/acimed/article/view/405

Centros de Integración Juvenil | Gobierno | gob.mx. (2022, enero 1). https://www.gob.mx/salud%7Ccij/que-hacemos

Chavez Vizuet, Psic. E. (2016). *Tratamiento para Dejar de Fumar Centros de Integración Juvenil Dirección de Tratamiento y Rehabilitación Manual de aplicación.* http://www.intranet.cij.gob.mx/Archivos/Pdf/MaterialDidacticoTratamiento/ManualTerapiaParaDejardeFumar.pdf

Chesñevar, C. I., & Estevez, E. C. (2018). *El comercio electrónico en la era de los bots.*

Contreras, H. (2012). *Teoria de la Computacion para Ingenieria de Sistemas: Un enfoque practico.* Recuperado de: http://webdelprofesor. ula. ve/ingenieria/hyelitza/materias ....

Crismán-Pérez, R., y Núñez-Vázquez, I. (2015). Escala de conocimiento morfológico de la modalidad lingüística andaluza: Estudios de fiabilidad, evidencias de validez y repercusiones didácticas. *Revista de Investigación Lingüística, 18*, 43–64.

Cruz Barrera, D. A., y Zambrano Lazarte, N. F. (2020). *Chatbot para el aprendizaje sobre sexualidad.*

Cruz Zapata, B. (2018). Una propuesta de gestión del conocimiento de requisitos de usabilidad en aplicaciones móviles de salud. *Proyecto de investigación:*

Dahiya, M. (2017). A tool of conversation: Chatbot. *International Journal of Computer Sciences and Engineering, 5*(5), 158–161.

Diaz Guerra, M. E. (2021). *Chatbot para el aprendizaje de la prevención de cáncer de mama.*

Estrada Cutimbo, L. (2018). *Implementar chatbot basado en inteligencia artificial para la gestión de requerimientos e incidentes en una empresa de seguros.*

Fernández, A. M. (2020). *Aplicaciones móviles relacionadas con la salud. Un estudio sobre las aplicaciones con funcionalidad para el recordatorio de la toma de medicamentos* [PhD Thesis]. Universidad de Zaragoza.

Formella, A. (2010). Teoría de autómatas y lenguajes formales. *Departamento de Informática, Universidade de Vigo, Junio.*

Fred, K., & Howard, L. (2002). *Investigacion del Comportamiento Metodos de Investigacion Ciencias Sociales.* México: McGRAW-Hill/interamericana editores, sa de cv.

Freire, C. E. E. E. (2018). Las variables y su operacionalización en la investigación educativa. Parte I. *Revista Conrado*, *14*(65), 39–49.

Freire, E. E. E. (2019). Las variables y su operacionalización en la investigación educativa. Segunda parte. *Revista Conrado*, *15*(69), 171–180.

Frías-Navarro, D. (2014). Apuntes de SPSS. *Universidad de valencia*, 1–10.

Frías-Navarro, D. (2022). Apuntes de estimación de la fiabilidad de consistencia interna de los ítems de un instrumento de medida. *D. Frías-Navarro, Recomendaciones para redactar el informe de investigación y lectura crítica. España: Universidad de Valencia. Retrieved from https://www. uv. es/friasnav/AlfaCronbach. pdf.*

Galán Pache, L. (2014). *Desarrollo de una interfaz para controlar por voz la aplicación móvil de mensajería Telegram.*

García-Pazo, P., Fornés-Vives, J., Sesé, A., & Pérez-Pareja, F. J. (2020). Apps para dejar de fumar mediante Terapia Cognitivo Conductual. Una revisión sistemática. *adicciones*, *33*(4), 333–344.

Gil, A. M. C., & Afrashtehfar, K. I. (2020). Telegram Messenger: A suitable tool for Teledentistry. *Journal of Oral Research*, *9*(1), 4–6.

Gliem, J. A., & Gliem, R. R. (2003). *Calculating, interpreting, and reporting Cronbach's alpha reliability coefficient for Likert-type scales.*

González, A. B. G., & Reboredo, A. de L. (2019). *Usabilidad Web.*

González Alonso, J., y Pazmiño Santacruz, M. (2015). Cálculo e interpretación del Alfa de Cronbach para el caso de validación de la consistencia interna de un cuestionario, con dos posibles escalas tipo Likert. *Revista publicando, 2*(1), 62–67.

González Duque, R. (2011). *Python para todos.* Creative Commons Reconocimiento.

Greenwald, R., Stackowiak, R., & Stern, J. (2013). *Oracle essentials: Oracle database 12c.* O'Reilly Media, Inc.

Grimaldo Botero, G. J. (2013). *Desarrollo de aplicación movil de apoyo a la plataforma web del observatorio" Monitoreo de variables físicas y fisiológicas en niños y adolescentes en edad escolar de Risaralda".*

Guerrero, J. S. D., Bazan, Y. Y. L., & Moreno, F. J. S. (2017). Desarrollo de chatbot usando bot framework de Microsoft. *Espirales revista multidisciplinaria de investigación, 1*(11).

Gutiérrez López, A., y Castillo Franco, P. (2008). Estudio epidemiológico del consumo de alcohol y tabaco en pacientes solicitantes de tratamiento en CIJ en 2007. *Centros de Integración Juvenil, Dirección de Investigación y Enseñanza, Subdirección de Investigación, Informe de Investigación, 8,* 12.

Hernández, R., Fernández, C., & Baptista, P. (2016). Metodología de la investigación. 6ta Edición Sampieri. *Soriano, RR (1991). Guía para realizar investigaciones sociales. Plaza y Valdés.*

Hernández-Sampieri, R., Fernández Collado, C., & Baptista Lucio, P. (2018). *Metodología de la investigación* (Vol. 4). McGraw-Hill Interamericana México.

Hernández-Sampieri, R., y Mendoza Torres, C. P. (2018). *Metodología de la investigación: Las rutas cuantitativa, cualitativa y mixta*. McGraw Hill México.

Hutton, B., Catalá-López, F., & Moher, D. (2016). La extensión de la declaración PRISMA para revisiones sistemáticas que incorporan metaanálisis en red: PRISMA-NMA. *Medicina clínica, 147*(6), 262–266.

Instituto Nacional de Psiquiatría Ramón de la Fuente Muñiz, S. de S. (2017). *Encuesta Nacional de Consumo de Drogas, Alcohol y Tabaco 2016-2017: Reporte de Tabaco*. INPRFM Ciudad de México.

Kerlinger, F. N. (1979). *Behavioral research a conceptual approach*.

Kuri-Morales, P. A., González-Roldán, J. F., Hoy, M. J., & Cortés-Ramírez, M. (2006). Epidemiología del tabaquismo en México. *salud pública de méxico, 48*, s91–s98.

Labra Chino, E., & Quispe Poma, E. (2022). *Método de referencia para la atención de consultas de salud de usuarios adultos mayores basado en chatbot, en un contexto de pandemia.*

Legaspi, L. M. D., Ramírez, L. C., & Olalde, M. G. C. (2020). Percepción de riesgo y consumo de alcohol y tabaco en estudiantes de una preparatoria en Zacatecas. *Lux Médica*, *15*(43), 13–24.

León, C., Xochilt, D., Cruz, A., & Betzaida, S. (2015). *Aplicaciones de la tecnología móvil como apoyo para dejar de fumar* (pp. 1998–2002).

LEY GENERAL PARA EL CONTROL DEL TABACO, núm. DOF 06-01-2010, CÁMARA DE DIPUTADOS DEL H. CONGRESO DE LA UNIÓN (2010). http://www.conadic.salud.gob.mx/pdfs/ley_general_tabaco.pdf

Leyva-Vázquez, M., y Smarandache, F. (2018). *Inteligencia Artificial: Retos, perspectivas y papel de la Neutrosofía*. Infinite Study.

Londoño Pérez, C., Rodríguez Rodríguez, I., & Gantiva Díaz, C. A. (2011). Cuestionario para la clasificación de consumidores de cigarrillo (C4) para jóvenes. *Diversitas: perspectivas en psicología*, *7*(2), 281–291.

López-Roldán, P., & Fachelli, S. (2015). *Metodología de la investigación social cuantitativa*.

Maida, E. G., y Pacienzia, J. (2015). *Metodologías de desarrollo de software*.

Mantilla, M. C. G., Ariza, L. L. C., & Delgado, B. M. (2014). Metodología para el desarrollo de aplicaciones móviles. *Tecnura: Tecnología y Cultura Afirmando el Conocimiento*, *18*(40), 20–35.

Martínez, C. M., y Sepúlveda, M. A. R. (2012). Introducción al análisis factorial exploratorio. *Revista colombiana de psiquiatría, 41*(1), 197–207.

Matas, A. (2018). Diseño del formato de escalas tipo Likert: Un estado de la cuestión. *Revista electrónica de investigación educativa, 20*(1), 38–47.

Mazera, L., y González, M. J. S. (2018). Bot of health care: Desarrollo de la aplicación móvil "Kiga" para la enfermedad renal crónica en Brasil. *La investigación cualitativa en la comunicación y sociedad digital: nuevos retos y oportunidades.*

Medina Martínez, N. F. (2015). Las variables complejas en investigaciones pedagógica-Complex variables in pedagogical research. *Revista UPEU - Revista de Investigación Apuntes Universitarios.*

Mertens, D. M. (2019). *Research and evaluation in education and psychology: Integrating diversity with quantitative, qualitative, and mixed methods.* Sage publications.

MEX-ALVAREZ, D. C., HERNÁNDEZ-CRUZ, L. M., UC-RIOS, C. E., & CAB-CHAN, J. R. (s/f). Análisis de usabilidad web a través de métricas estandarizadas y su aplicación práctica en la plataforma SAEFI Web usability analysis through standardized metrics and its practical application on the SAEFI platform. *Revista de,* 15.

Miranda Castellón, D. (2016). *La Teoría del Color como elemento indispensable dentro del Diseño Gráfico y la Comunicación Visual.*

Montilva, J., Arapé, N., & Colmenares, J. (2003). *Desarrollo de software basado en componentes*. Actas del IV. Congreso de Automatización y Control. Mérida, Venezuela.

Mulyanto, A. D. (2020). Pemanfaatan Bot Telegram Untuk Media Informasi Penelitian. *MATICS, 12*(1), 49–54.

Oberti, A., y Bacci, C. (2016). *Metodología de la Investigación.*

Olson, C., & Kemery, K. (2019). *Voice report From answers to action: Customer adoption of voice technology and digital assistants*. Microsoft.

Oviedo, H. C., y Campo-Arias, A. (2005). Aproximación al uso del coeficiente alfa de Cronbach. *Revista colombiana de psiquiatría, 34*(4), 572–580.

Pacheco Campoverde, L. G., y Idrovo Tapia, C. I. (2014). *Desarrollo de una aplicación móvil en Android de soporte para la prevención de recaídas en pacientes en proceso recuperación del Hospital Psiquiátrico Humberto Ugalde Camacho* [B.S. thesis].

Pedroza, H., y Dicovskyi, L. (2007). *Sistema de análisis estadísticos con SPSS.*

Pérez Peña, J. B., y Ramos Jurado, J. R. (2021). *Chatbot con inteligencia artificial para el proceso de atención al cliente en el servicio de urología de un establecimiento de salud.*

Pericot Valverde, I. (2016). *Aplicaciones de la realidad virtual en el tratamiento del tabaquismo.*

Pressman, R. S. (2010). *Ingeniería del Software Un Enfoque Práctico* (Séptima Edición). McGraw-Hill.

Puerto, G. A. S., Rincón, E. H. H., & Obando, F. S. (2016). Aplicaciones de salud para móviles: Uso en pacientes de Medicina Interna en el Hospital Regional de Duitama, Boyacá, Colombia. *Revista Cubana de Información en Ciencias de la Salud (ACIMED)*, 27(3), 271–285.

Pulido, J. F. G. (2018). Validación de constructo a un cuestionario relacionado con el diagnóstico estratégico de las TIC en la Educación Superior. Caso de estudio. *Acción Pedagógica*, 27(1), 22–33.

Rabelo, R. J., Romero, D., & Zambiasi, S. P. (2018). Softbots supporting the operator 4.0 at smart factory environments. *IFIP International Conference on Advances in Production Management Systems*, 456–464.

Rey Iborra, C. (2019). *Las aplicaciones móviles de salud como herramientas de apoyo a la autogestión de cuidados del paciente crónico* [B.S. thesis].

Rodrigues, J. L. T., Alves, C. F., & Osshiro, M. (s/f). *Anetha-Desenvolvimento de Chatbot em Python.*

Rodríguez, D. R. (2022). *Creación de chatbot para consulta veterinaria canina mediante inteligencia artificial.*

Rouhiainen, L. (2018). Inteligencia artificial. *Madrid: Alienta Editorial.*

Rowland, S. P., Fitzgerald, J. E., Holme, T., Powell, J., & McGregor, A. (2020). What is the clinical value of mHealth for patients? *NPJ digital medicine, 3*(1), 1–6.

Ruiz, E. F., Proaño, Á., Ponce, O. J., & Curioso, W. H. (2015). Tecnologías móviles para la salud pública en el Perú: Lecciones aprendidas. *Revista Peruana de Medicina Experimental y Salud Pública, 32*(2), Art. 2.

Segrelles-Calvo, G., de Granda-Beltrán, A. M., & de Granda-Orive, J. I. (2021). Un chatbot para dejar de fumar. ¿Será el futuro? *adicciones, 33*(1), 73–74.

Sekulovski, E. (2014). *Cross-Platform Mobile Application Generation with a Model-Driven Approach Based on IFML and Cross-Compilation.* Scuola di Ingegneria dell'Informazione.

Serrano Mascaraque, E. (2009). Accesibilidad vs usabilidad web: Evaluación y correlación. *Investigación bibliotecológica, 23*(48), 61–103.

Solís, G. A., Méndez, G., & Segura, R. J. (2014). *PRUEBAS DE SOFTWARE PARA DISPOSITIVOS MÓVILES ANDROID.*

Sommerville, I. (2005). *Ingeniería del software*. Pearson Educación.

Suárez, O. M. (2007). Aplicación del análisis factorial a la investigación de mercados. Caso de estudio. *Scientia et technica*, *1*(35).

Telegram vs Whatsapp: ¿Cuál es la mejor app de mensajería? [Diciembre 2021]. (s/f). GEEKNETIC. Recuperado el 9 de diciembre de 2021, de https://acf.geeknetic.es/Guia/1839/Telegram-vs-Whatsapp-Cual-es-la-mejor-app-de-mensajeria.html

Velázquez Macías, J., Vela Dávila, J., Veyna Lamas, M., & Gomez Aguilar, C. (2017). Desarrollo de un bot para apoyo en el tratamiento del tabaquismo en el Centro de Integración Juvenil en Zacatecas. *Revistas de Tecnología de la Información y Comunicaciones*, *1*(2).

Velázquez Macías, J., Veyna Lamas, M., Vela Dávila, J., & Rodríguez González, B. (2016). Uso de un Bot para la comprobación de fórmulas matemáticas de las materias de Probabilidad e Investigación de Operaciones de la Universidad Politécnica de Zacatecas. *Revista de Sistemas Computacionales y TIC's*, *2*(5), 53–58.

Velázquez-Altamirano, M., y Córdova-Alcaráz, A. J. (2020). *SISTEMA INSTITUCIONAL DE EVALUACIÓN DE PROGRAMAS DE TRATAMIENTO*. 23.

Velázquez-Macias, J., Vela-Dávila, J. A., Veyna-Lamas, M., & Pinales-González, L. C. (2017). Desarrollo de una aplicación móvil como apoyo en la prevención de la diabetes tipo 2 en personas mayores de 18 años. *Revistas de Tecnología de la Información y Comunicaciones*, *1*(2), 47–55.

Velázquez-Macias, J., Veyna-Lamas, M., Vela-Dávila, J. A., Lara-Torres, C. G., & González-Saenz, J. A. (2020). Análisis del riesgo de Diabetes tipo 2 por medio de la aplicación móvil Diabetest en personas mayores de 18 años en el municipio de Fresnillo, Zacatecas, México. *Revista de Programación Matemática y Software*.

Villegas-Ch, W., Arias-Navarrete, A., & Palacios-Pacheco, X. (2020). Proposal of an Architecture for the Integration of a Chatbot with Artificial Intelligence in a Smart Campus for the Improvement of Learning. *Sustainability*, *12*(4), 1500.

Vique, R. R. (2019). *Métodos para el desarrollo de aplicaciones móviles*.

Vogt, W. P., & Johnson, R. B. (2015). *The SAGE dictionary of statistics & methodology: A nontechnical guide for the social sciences*. Sage publications.

VonHoltz, L. A. H., Hypolite, K. A., Carr, B. G., Shofer, F. S., Winston, F. K., Hanson III, C. W., & Merchant, R. M. (2015). Use of mobile apps: A patient-centered approach. *Academic Emergency Medicine*, *22*(6), 765–768.

WHO. (2015). *WHO global report on trends in prevalence of tobacco smoking 2015*. World Health Organization.

Yoong, S. L., D'Espaignet, T. E., Wiggers, J., St Claire, S., Mellin-Olsen, J., & Grady, A. (2020). *Resúmenes de la OMS acerca de los conocimientos sobre el tabaco: Tabaco y complicaciones posoperatorias.*

Zavala-Arciniega, L., Fleischer, N., Paz-Ballesteros, W. C., Reynales-Shigematsu, L. M., Meza, R., & Jimenez-Mendoza, E. (2019). Challenges in the implementation of MPOWER Measures in Mexico. Results from the Global Adult Tobacco Survey (GATS) 2009-2015. *APHA's 2019 Annual Meeting and Expo (Nov. 2-Nov. 6).*

Anexos

Anexo 1

CUESTIONARIO DE MOTIVOS DE CONSUMO DE TABACO (FINAL)

Institución:________________   Fecha: ______/______/______

Día   Mes   Año

Nombre:
Apellido paterno   Apellido Materno   Nombre(s)
Genero: Edad:

A continuación, se presenta una lista de motivos por los cuales algunas personas continúan fumando. Lea cada uno de los motivos y responda de acuerdo a su propia experiencia.

Marque con una "X":

1) Nunca
2) Rara Vez
3) Ocasionalmente
4) Seguido
5) Frecuentemente
6) Siempre

		1	2	3	4	5	6
1	Siento que fumar me da seguridad						
2	Siento que fumando me siento mejor						
3	El exhalar cada una de las bocanadas de humo me produce una grata sensación						
4	Disfruto fumar después de los alimentos, con él te, café o alcohol						
5	Cuando me siento enojado por algo, fumo para tranquilizarme						
6	Aun enfermo siento la necesidad de un cigarro						
7	Todos los cigarros que fumo son placenteros						
8	Si no fumo, pierdo parte de mi personalidad						
9	Fumo para mantenerme despierto						
10	El sentir el cigarro entre los dedos es gratificante						
11	Cuando estoy relajado y en periodos de descanso me gusta fumar						
12	Si estoy nervioso por algo, fumo casi el doble						
13	Si cambio a cigarros suaves fumo casi el doble						
14	Enciendo un cigarrillo sin haber terminado el anterior						

15	Fumo más cuando estoy en reuniones sociales						
16	En trabajos monótonos o aburridos fumo mas						
17	Disfruto de golpear el cigarro de determinada manera						
18	Durante mi trabajo dedico tiempo a disfrutar de un cigarro						
19	Fumo cuando quiero olvidarme de mis preocupaciones						
20	Me siento a disgusto si no fumo, aun cuando el fumar no es realmente grato						
21	Enciendo cigarrillos sin darme cuenta						
22	Fumo para no sentirme tan solo(a)						
23	Me siento más alerta y con energía al fumar cigarrillos						
24	Disfruto el fumar desde el momento en que tengo la cajetilla en mis manos						
25	Cuando estoy tranquilo me gusta fumar						
26	Fumo más cuando estoy tenso(a)						
27	Al dejar de fumar unas cuantas horas, empiezo a sentir síntomas físicos desagradables						
28	Ha habido ocasiones en que olvido en donde deje un cigarrillo prendido						
29	El tener un cigarrillo en la bolsa me produce tranquilidad						
30	Trabajo mejor cuando fumo						
31	El sacar la cajetilla, el tener el cigarro en la mano y ver el humo, es gratificante						
32	Mi deseo de fumar aumenta cuando estoy cómodo						
33	El fumar me reduce la tensión						
34	Cuando no tengo cigarrillos, soy capaz de hacer lo que sea para conseguirlos.						
35	Fumo todos los cigarrillos que me ofrecen						

Anexo 2

CUESTIONARIO DE USABILIDAD DEL BOT

Institución: ___________________   Fecha: ________/________/________
                                     Día   Mes   Año

Nombre:____
____
Apellido paterno   Apellido Materno   Nombre(s)
Genero:		Edad:

A continuación, se presenta una lista de cuestiones relacionadas a al manejo del Bot implementado en el tratamiento para dejar de fumar. Lea cada uno de ellos y responda de acuerdo a su propia experiencia.
Marque con una "X":
1) Pésima
2) Mala
3) Regular
4) Buena
5) Muy buena
6) Excelente

1	La instalación del programa Telegram	1	2	3	4	5	6
2	La búsqueda del contacto "Dejar de fumar"	1	2	3	4	5	6
3	La ayudad del Bot	1	2	3	4	5	6
4	El tiempo de respuesta	1	2	3	4	5	6
5	La claridad de las opciones disponibles	1	2	3	4	5	6
6	La claridad de las respuestas recibidas	1	2	3	4	5	6
7	La facilidad de uso	1	2	3	4	5	6
8	La interfaz grafica	1	2	3	4	5	6
9	El tamaño del texto	1	2	3	4	5	6
10	Los tips recibidos (temática)	1	2	3	4	5	6
11	La periodicidad de los tips recibidos (tiempo)	1	2	3	4	5	6
12	El consumo de datos	1	2	3	4	5	6
13	La velocidad de ejecución general	1	2	3	4	5	6

Anexo 3

EFICACIA DEL TRATAMIENTO

Institución:_________________   Fecha: _______/_______/_______
                                  Día   Mes   Año

Nombre:			
Apellido paterno	Apellido Materno	Nombre(s)	
Genero:		Edad:	

Destinado a Terapeutas

A continuación, se presenta una lista de cuestiones relacionadas con los resultados obtenidos luego de la implementación del bot en apoyo al tratamiento del tabaquismo en algunos pacientes. Lea cada uno de ellos y responda de acuerdo a su propia experiencia en relación al método tradicional.

Marque con una "X" :

1) Pésima
2) Mala
3) Regular
4) Buena
5) Muy buena
6) Excelente

		1	2	3	4	5	6
		1	2	3	4	5	6
		1	2	3	4	5	6
		1	2	3	4	5	6
1	La reducción del consumo en unidades por día fue	1	2	3	4	5	6
2	La reducción en tiempo de duración del tratamiento fue	1	2	3	4	5	6
3	El uso del tiempo dedicado al tratamiento fue	1	2	3	4	5	6
4	La reducción de incidencias fue	1	2	3	4	5	6
5	El aumento de terapias éxito fue	1	2	3	4	5	6
6	La reducción de terapias cero fue	1	2	3	4	5	6
7	La Reducción de extravió de bitácoras fue	1	2	3	4	5	6
8	La Reducción de llenado incorrecto de bitácoras fue	1	2	3	4	5	6
9	De forma general cual fue el avance del paciente con este tratamiento						

Anexo 4

USABILIDAD DE LA PLATAFORMA WEB

Institución:________________   Fecha: _______/_______/_______
                                 Día   Mes   Año

Nombre:____
Apellido paterno   Apellido Materno   Nombre(s)
Genero:		Edad:

Destinado a Terapeutas (5)

A continuación, se presenta una lista de cuestiones relacionadas al manejo de la aplicación WEB que administra los datos proporcionados por los pacientes por medio del Bot en el tratamiento para dejar de fumar. Lea cada uno de ellos y responda de acuerdo a su propia experiencia.

Marque con una "X":

1) No estoy en absoluto de acuerdo
2) No estoy de acuerdo
3) Algo en desacuerdo
4) Un poco de acuerdo
5) De acuerdo
6) Estoy muy de acuerdo

		1	2	3	4	5	6
1	Creo que me gustará visitar con frecuencia este website						
2	Encontré el website nada complejo						
3	Es relativamente fácil utilizar el website						
4	No necesito del apoyo de un experto para recorrer el website						
5	Encontré las diversas posibilidades del website bastante bien integradas						
6	Hay consistencia en el website						
7	Imagino que la mayoría de las personas aprenderían muy rápidamente a utilizar el website						
8	Encontré el website atractivo visualmente						
9	Me sentí muy confiado en el manejo del website						
10	No necesito aprender muchas cosas antes de manejarme en el website						
		1	2	3	4	5	6

Apéndice A. Código fuente del módulo registros de consumo

```python
# -+- coding: utf-8 -*-
#tabaquismo2.py
import math



#####################Declaracion de funciones



def fraseinicio():
    frases = array(["Estas seguro de continuar con un ","Que tal sigamos
con un","\xF0\x9F\x98\xA3 ","No quería hacerlo pero sigamos con un ","Bien
comencemos con un", "Ok comencemos con un", "No esperaba que seleccionaras
esto pero continuemos", "Complicado pero continuemos con un "])

    x=random.randrange(0,8)
    frase=frases[x]

    return frase



################Fin declaración de funciones



import telepot, time, pprint, random, numpy
from numpy import array
print ('Escuchando conversaciones....')

def handle(msg):
    chat_id = msg['chat']['id']
    print chat_id
    command = msg['text']
    desde= msg['chat']['first_name'] + ' ' + msg['chat']['last_name'] +
' - Tabaquismo'
```

```python
    print (desde)
    print ('Comando recibido: %s' % command)


#####Evaluando valores para /tc #####


    lenop=len(command)
    if lenop>3:
            op=command[0]+command[1]+command[2]
            print (op)
    elif lenop>2:
            op=command[0]+command[1]
            print (op)
    elif lenop>1:
            op=command[0]
            print (op)
    elif lenop<=1:
            op=command[0]
            print (op)
    #/xx 1,2,3


    if op == '/co':
        ini=0
        fi=len(command)

        inv1=4                          #inicio cadena 1
        finv1=command.find(",")         #fin cadena 1
        v1=""
        for x in range(4, finv1):
            v1=v1+command[x]

        print ("motivo: " + str(v1)) #v1 obtenido
        ##################################################

        inv2=finv1+1                    #inicio cadena 2
        finv2=command.find(",",inv2,len(command))       #fin cadena 2
        v2=""
```

```python
    for x in range(inv2, finv2):
        v2=v2+command[x]


print ("numero 2: " + str(v2)) #v2 obtenido
####################################################

inv3=finv2+1                          #inicio cadena 3
finv3=command.find(",",inv3,len(command))        #fin cadena 3
v3=""
for x in range(inv3, finv3):
        v3=v3+command[x]


print ("numero 3: " + str(v3)) #v3 obtenido


####################################################

inv4=finv3+1                          #inicio cadena 4
finv4=len(command)                 #fin cadena 4
v4=""
for x in range(inv4, finv4):
        v4=v4+command[x]


print ("numero 4: " + str(v4)) #v4 obtenido

#Gestion de errores para /ci
try:
        v1=int(v1)
        v2=str(v2)
        v3=str(v3)
        v3=str(v4)


        msgtemp="OK \xF0\x9F\x98\xA3" + "Registro correcto del
consumo de un cigarro por el motivo=" + str(v1)
        #llamada         a        funcion        para        almacenar
str(calculosPe(m,d,x,o))
        bot.sendMessage(chat_id, msgtemp)
        #####Fin Evaluando valores para /ci #####
```

```
        except ValueError:

            msgtemp="☹" + " Algo salio mal con los valores que
recibi, ¿podrias intentarlo de nuevo?"

            bot.sendMessage(chat_id, msgtemp)

            #print( "☹" + " Algo salio mal con los valores que
recibi, ¿podrias intentarlo de nuevo?")


    elif command == '/start':

        bot.sendMessage(chat_id, "☞ Bienvenido al bot de apoyo en el
tratamiento del tabaquismo del Centro de Integracion Juvenil Zacatecas 🚬")

        #bot.sendMessage(chat_id, "☞ Bienvenido al bot para registrar
consumos en el Centro de Integracion Juvenil 🚬")

        bot.sendMessage(chat_id, "✍ Mi nombre es Geraldine. 👤 ")

        bot.sendMessage(chat_id, "Puedes utilizar los siguientes
comandos para acceder a cada accion.")

        bot.sendMessage(chat_id, "/cigarro - Registrar un nuevo
consumo\n/motivo - Muestra los posibles motivos por los que se puede dar
del consumo \n/cuestionario - Realizar el cuestionario de motivos de consumo
de tabaco (consultar los resultados con su terapeuta)\n/ayuda - accede a
la ayuda ")


    elif command == '/cigarro':

        bot.sendMessage(chat_id, fraseinicio()+ "registro de consumo de
un cigarro. Teclea el comando /co seguido del numero del motivo por el que
fumas un cigarrillo en este momento, el lugar, la actividad que estas
realizando y el sentimiento percibido.\n\nEjemplo: /co 2,mi trabajo,hora
de descanso,tristeza")

    elif command == '/motivos':

        bot.sendMessage(chat_id, "A continuación se describen algunos
de los motivos por los cuales fumas:\nMotivo 1 = En compañia de
personas\nMotivo 2 = Para concentrarme mejor y evitar la fatiga cuando
trabajo\nMotivo 3 = Siento agradables los movimientos del fumar y ver el
humo como se esparce\nMotivo 4 = Con el café, después después de los
alimentos o en periodos de descanso.\nMotivo 5 = Cuándo me siento tenso
enojado o preocupado.\nMotivo 6 = Al no fumar, por más de 30 minutos me
siento mal y las molestias se quitan al fumar.\nMotivo 7 = Fumo por
placer.\nMotivo 5 = No me percato cuando enciendo el cigarro.")

    elif command == '/cuestionario':

        bot.sendMessage(chat_id, "Has iniciado el Cuestionario de
Motivos de Consumo de Tabaco a continuación se presenta una lista de motivos
por los cuales algunas personas continuan fumando. Lee cada uno de los
motivos y responde de acuerdo a tu propia experiencia.\nContesta con numeros
si:\n3) Si tu 'Muy frecuentemente' fumas por ese motivo.\n2) Si tu
```

```python
        'ocasionalmente' fumas por ese motivo.\n1) Si tu 'nunca' fumas por ese
motivo.\n¿Estas seguro(a) de continuar? s/n  ")
        elif command == '/ayuda':
            bot.sendMessage(chat_id, "/cigarro - Registro de consumo de un
cigarro \n/motivos - accede a la lista de motivos por los cuales fumas")
        elif command == 'Gracias' or command == 'gracias':
            bot.sendMessage(chat_id, "👀 De nada...")
        elif command == 'Hola' or command == 'hola':
            bot.sendMessage(chat_id, "✌ Hola, que tal")
        elif command == 'buenos dias' or command == 'Buenos dias':
            bot.sendMessage(chat_id, "☀ Buenos dias...")
        elif command == 'buenas noches' or command == 'Buenas noches':
            bot.sendMessage(chat_id, "🌙 Buenas noches...")
        elif command == 'buenas tardes' or command == 'Buenas tardes':
            bot.sendMessage(chat_id, "☁ Buenas tardes...")
        elif command == 'Adios' or command == 'adios' or command == 'Bye' or
command == 'bye' or command == 'Hasta luego' or command == 'hasta luego':
            bot.sendMessage(chat_id, "😞 Bye Bye...")
        elif command == 'Como estas' or command == 'como estas' or command
== 'Kmo estas' or command == 'kmo estas':
            bot.sendMessage(chat_id, "☺ Muy Bien, ¿Y tu? ")
        elif command == 'Mal' or command == 'mal' :
            bot.sendMessage(chat_id, "😕 No me digas eso")
        elif command == 'Gracias' or command == 'gracias' :
            bot.sendMessage(chat_id, "☺ De nada")

        elif command == 'Bien' or command == 'bien' or command == 'Bien
tambien' or command == 'bien tambien' or command == 'bien gracias' or
command == 'Bien tambien':
            bot.sendMessage(chat_id, "☺ Genial")
        else:
            bot.sendMessage(chat_id, "😕" + "  No reconozco el comando,
¿Podrias intentar de nuevo? o consulta la /ayuda")




# Create a bot object with API key
```

```python
#bot    =    telepot.Bot('222843035:AAHxUCQ_dSLogfUgULWg4wnoH-AQu9nzM94')
#formulas
bot                    =                    telepot.Bot('449353037:AAFCFjElR5zt6M6Nn-srFVxoKpCrPX_2apM')#Dejardefumar


# Attach a function to notifyOnMessage call back
#bot.notifyOnMessage(handle)
bot.message_loop(handle)



# Listen to the messages
while 1:
    time.sleep(180)
    #bot.sendMessage(233304165, "☺ Genial")
```

yes
I want morebooks!

Buy your books fast and straightforward online - at one of world's fastest growing online book stores! Environmentally sound due to Print-on-Demand technologies.

Buy your books online at
www.morebooks.shop

¡Compre sus libros rápido y directo en internet, en una de las librerías en línea con mayor crecimiento en el mundo! Producción que protege el medio ambiente a través de las tecnologías de impresión bajo demanda.

Compre sus libros online en
www.morebooks.shop